建筑设计规划

实践指南

『乡村振兴』专题

主编　颜丰　叶蕾婷

副主编　林新峰　孟勤林　王小岗

参编　裘知　徐丹华　沈晶晶　王波　李鑫　于宏程

Special Topic on "Rural Revitalization"

Practical Guidance for Architectural Design and Planning

华中科技大学出版社

http://press.hust.edu.cn

中国·武汉

内容提要

　　全书精心构建了几大篇章：绪论交代背景，准备篇奠定基础，调研篇深入实际，设计篇展现创意，汇报篇分享成果，实践篇强化操作，回访篇关注后续，专项篇（细分为绿色建筑设计、AI辅助设计、适老化设计、历史建筑活化四个子篇章）聚焦特色，优秀案例篇提供借鉴。本书内容全面，覆盖了乡村振兴的时代背景、建筑学专业在此领域的角色定位，以及从准备到实施的完整实践流程指导。

图书在版编目（CIP）数据

建筑设计规划实践指南："乡村振兴"专题 / 颜丰，叶蕾婷主编 . −− 武汉：华中科技大学出版社，2025. 4.
ISBN 978-7-5772-1691-1

Ⅰ . TU984.29-62

中国国家版本馆 CIP 数据核字第 2025LU6824 号

建筑设计规划实践指南："乡村振兴"专题　　　　　　　　　　　　　　　颜丰　叶蕾婷　主编
Jianzhu Sheji Guihua Shijian Zhinan："Xiangcun Zhenxing"Zhuanti

策划编辑：金　紫
责任编辑：叶向荣
责任校对：李　弋
装帧设计：金　金
责任监印：朱　玢
出版发行：华中科技大学出版社（中国·武汉）　　　电　　话：（027）81321913
　　　　　武汉市东湖新技术开发区华工科技园　　　邮　　编：430223
录　　排：天津清格印象文化传播有限公司
印　　刷：湖北金港彩印有限公司
开　　本：889mm×1194mm　1/16
印　　张：12.75
字　　数：360 千字
版　　次：2025 年 4 月第 1 版第 1 次印刷
定　　价：98.00 元

　　台州学院建筑工程学院建筑学专业自 2015 年建立，经过多年的发展，逐渐形成以服务地方乡村振兴发展为特色的专业。建筑学专业在教学过程中通过"师徒传承""小班化教学"以及"真题真做"的形式，打造了"小而专、小而精、小而特、小而美"的特色育人体系。专业教师与学生通过大量实践项目，形成了"师生成长共同体"，实现了"教学相长"。

　　建筑学专业可以为乡村振兴提供单体建筑设计、立面改造设计、环境提升设计、村庄低碳设计、村庄产业规划设计等服务。在实践过程中，由于市面上缺少相关教材，指导教师主要通过口头指导来引导学生。同时，我们发现学生在整体项目的推进中，或多或少存在一些共性的问题。因此，我们觉得有必要根据多年的实践经验，撰写一本符合地方本科应用型专业需求的实践指南，用于指导建筑学专业学生的乡村振兴实践。

　　本书主要分为绪论、准备篇、调研篇、设计篇、汇报篇、实践篇、回访篇、专项篇与优秀案例篇。其中绪论由沈晶晶负责撰写，准备篇由颜丰负责撰写，调研篇由孟勤林负责撰写，设计篇由叶蕾婷负责撰写，汇报篇由李鑫负责撰写，实践篇由于宏程负责撰写，回访篇由王波负责撰写，绿色建筑设计与 AI 辅助设计专项篇由颜丰负责撰写，适老化设计专项篇由叶蕾婷负责撰写，历史建筑活化专项篇由孟勤林负责撰写，优秀案例篇由林新峰负责汇编，并由颜丰、王小岗统稿，裘知、徐丹华校稿，封面由刘佳琪设计。本书内容涵盖了乡村振兴的大背景、建筑学专业在其中的定位，以及实践全流程的指导意见。希望本书可以更好地帮助有志于服务地方发展、建设"和美乡村"的高校师生。

编者

2025 年 3 月

目录

catalogue

Practical Guidance for Architectural Design and Planning

Special Topic on "Rural Revitalization"

绪论

Introduction

图 0-1 富有当地特色的乡村民居做法：石屋

图 0-2 富有当地特色的乡村民居做法：山墙

一、乡村振兴背景

2017 年，党的十九大报告首次提出了乡村振兴战略的重要思想。报告指出，农业、农村、农民问题是关系国计民生的根本性问题，必须始终把解决好"三农"问题作为全党工作重中之重，实施乡村振兴战略。乡村振兴战略是涵盖了农村的经济、社会、文化、生态等多方面的全面振兴，这是对"新农村建设""美丽乡村"等政策的全面提炼和升华。

随着乡村振兴战略的推行，相关的法律法规和政策文件也在完善，如《乡村振兴战略规划（2018—2022 年）》《中华人民共和国乡村振兴促进法》等。它们为乡村振兴提供了具体的指导和方向，也为其提供了法律保障。同时，各级政府、企业、社会组织和个人对乡村振兴的关注度逐步提升，并积极参与和支持乡村振兴工作。

习近平总书记在中央农村工作会议上强调："要全面推进产业、人才、文化、生态、组织'五个振兴'，统筹部署、协同推进，抓住重点、补齐短板。"这与乡村振兴的总要求"产业兴旺、生态宜居、乡风文明、治理有效、生活富裕"一脉相承。

产业振兴是乡村振兴的物质基础。要落实产业帮扶政策，继续深入推进农业供给侧结构性改革，向开发农业多种功能、挖掘乡村多元价值要效益，向"一、二、三产业融合发展"要效益，推动乡村产业全链条升级。

人才振兴是乡村振兴的关键所在。农村人口老龄化、缺人才、留不住人等问题，是制约"三农"发展的重要因素。让各类人才、资本等要素在农村广阔天地发挥作用、大展身手，同时发挥大学生的创新力量，为农业农村发展厚植人才根基。

文化振兴是乡村振兴的重要基石。要大力传承弘扬优秀传统文化，努力推动社会主义核心价值观融入乡村，推进移风易俗，培育文明乡风、良好家风、淳朴民风。

生态振兴是乡村振兴的内在要求。要坚持绿色发展理念，推进乡村自然资源加快增值，实现绿水青山与金山银山相得益彰。要扎实推进村容村貌改善、农村垃圾污水治理、厕所革命和农业废弃物资源化利用，大力改善农村人居环境。

组织振兴是乡村振兴的根本保障。要坚定不移发挥好农村基层党组织的核心领导作用，以党建引领乡村振兴，健全自治、法治、德治相结合的乡村治理体系，厚植党在农村的执政基础。

乡村振兴的大背景，为建筑学这类强调应用的学科，提供了广阔的实践平台。本书结合了台州学院建筑工程学院建筑学专业师生十年来大量的教学、科研与社会服务案例，旨在为有志于投身乡村的师生提供一定的参考（图 0-1、图 0-2）。

二、建筑学与乡村振兴

建筑学专业的学习内容较为广泛，主要涉及建筑的环境美化、功能布局、流线规划、结构选型、材料选择、施工建造等多个方面的基本知识和技能，强调实践技能的培养，学生需要通过大量的设计实践、实习实训来提升自己的专业技能和设计能力。前文提到乡村振兴总要求中村容村貌改善、提升乡村人居环境的方方面面，都是建筑学专业师生大展身手的机会，也是良好的实践舞台。

在实际教学过程中，建筑学专业师生可以结合课程设计、设计项目以及学科竞赛推进实践环节，在锻炼学生解决复杂问题的能力的同时，服务乡村。

（1）设计课程。开设乡村振兴方向选修课，或在设计课程中增加乡村振兴模块，通过讲授或实践，引入乡村振兴相关内容。

（2）设计项目。学生对大型设计项目的把握能力较弱，无法独立完成相关的设计。而乡村内小型庭院景观、沿街立面、节点小品等相关设计需要的技术要求相对较低，可由学生独立完成，且有落地的机会。

（3）设计竞赛。竞赛提供了良好的锻炼与学习的机会，学生可发挥创意，并从竞赛成果中获得参与感、自豪感与自我认同感。近年来，乡村设计竞赛越来越多，如浙江省大学生乡村振兴创意大赛、全国数字乡村创新大赛、松阳乡村振兴全国建筑设计大赛、全国乡村振兴职业技能大赛等。这些竞赛为建筑学学子提供了非常好的实践平台。

有机结合上述多种学习实践方式，通过系统学习与训练，建筑学专业学生可以在村落中较好地完成如下任务。

（1）乡村规划与设计。参与乡村住区尺度的规划布局设计，包括道路、水系、绿化等基础设施的规划，以及住宅、公共服务设施、公共空间等的布局。

（2）住房条件改善。根据村民的实际需求和生活习惯，设计出安全、舒适、经济、美观的住房，还可对老旧房屋进行改造和提升。同时，还能针对乡村地区进行建筑技能培训，提高村民的建筑素质和水平，使他们能更好地参与村容村貌的提升中。

（3）乡村公共空间设计与建设。设计乡村公共空间，如广场、节点空间、庭院等，提升乡村的公共环境品质，增强乡村的凝聚力并提高乡村的活力。

（4）绿色建筑与可持续发展。综合运用绿色建筑理念和技术，设计出节能、环保、可持续的建筑，在提升人居环境的同时，最大化资源利用效率，减少碳排放，推动乡村的绿色发展。

（5）适老建筑的更新与改造。通过无障碍设计和增设安全设施、优化建筑布局、改善采光和通风条件、选择合适的材质与色彩等，提升老年人居住和生活的舒适性。

（6）传统建筑保护与修复。对于具有历史和文化价值的传统建筑，运用专业知识进行测绘、保护、修复与活化，保留乡村的历史记忆和文化特色，唤醒村民的文化自信，促进乡村的文化传承和发展。

综上所述，建筑学专业在乡村振兴中可以发挥重要作用，建筑学专业学生应通过运用专业知识和技术手段，为乡村的发展提供支持和保障。

三、乡村振兴相关竞赛

乡村振兴大赛是近年来兴起的一类比赛，旨在挖掘和展示乡村振兴的优秀案例，推动乡村振兴战略的实施。大赛通常由政府、企业、社会团体等组织发起，面向全社会征集参赛项目，通过评选和奖励等方式，选拔出优秀的乡村振兴案例，并予以宣传和推广。该类比赛有以下几个特征。

（1）广泛的参与性。众多乡村振兴大赛，通常面向全行业征集参赛项目，鼓励大学生主体参与，同时联合政府、企业、社会团体以及个人。这使得这类大赛具有广泛的参与性和代表性，能够充分展现全社会对乡村振兴的关注和支持。

（2）严格的评选标准。大赛通常会制定严格的评选标准，包括项目的创新性、实用性、可持续性等方面。评选委员会通常由业内专家和相关人士组成，能够客观公正地评价和选拔优秀的乡村振兴案例。

（3）多元化的参赛项目。由于大赛面向全社会征集参赛项目，参赛者可以提交各种类型的方案，包括农业产业规划、农村旅游开发、农村环境整治、农村文化传承等。这使得大赛成为一个多元化、全方位展示乡村振兴的舞台。

（4）丰富的奖励机制。大赛通常会设立丰富的奖励机制，包括奖金、荣誉证书、项目推广机会等。这不仅能够激励参赛者积极参与，还能够吸引更多的人关注和支持乡村振兴事业。

（5）资源整合的平台。乡村振兴大赛不仅是一个比赛，更是一个资源整合的平台。通过比赛，参赛者可以获得更多的资源支持和发展机会，同时也可以与其他参赛者进行交流和合作。这有助于推动乡村振兴事业的发展和进步。

浙江省作为乡村振兴先行省，也创办了具有地方特色的相关竞赛。其中，浙江省大学生乡村振兴创意设计大赛由浙江省教育厅、浙江省农业农村厅、浙江省乡村振兴局、浙江省文化广电和旅游厅共同组织，浙江省大学生科技竞赛委员会主办。目前已成功举办六届，竞赛方式分为主体赛与专项赛两类。主体赛又分为公益类、乡村规划类和产业类等。

此类学科竞赛强调落地性，对于学生来说是非常好的学习实践平台，也是学生在本科阶段能完整把控自己的设计并完成施工的绝佳机会。

Practical Guidance for Architectural Design and Planning

Special Topic on "Rural Revitalization"

第一章

准备篇

一、团队组建

（一）团队的概念

乡村振兴实践活动是一个综合性的系统工程，组建并打造一支凝聚力强、执行力高的团队是首要任务。此处的"团队"概念，可以理解为"一群才能互补、责任共担、为共同的愿景而奋斗的人所组成的特殊群体"。

（二）团队的要素

一支优秀的团队主要由四大要素组成：目标，团队成员应拥有共同的目标愿景，这样才能使得团队具有凝聚力；人员，人员是团队完成目标的载体与根本，团队角色的分配应明确各人在团队中的职责；计划，制定不同阶段的重点工作以及实施方式。

（三）团队组建的基本原则

1. 团队成员加入的目的

团队成员加入的目的直接影响团队成员在组织中的行为方式，进而影响其在整个团队活动中所能做出的贡献。根据马斯洛的需求层次理论，人的需求基本上可以分为生理需要、安全需要、社交需要、尊重需要和自我实现需要五个层次。研究显示，当团队成员被自我实现需要激励时，他们更有可能在团队中积极贡献、参与创新，并投入长期的努力。因此，在进行团队组建的过程中，我们希望团队成员加入的目的是基于自我实现的长远需要，而不是来"混日子"的。

指导老师也是团队的重要组成部分，不能把指导老师与学生割裂。团队组建的基本原则对于指导老师的选择也是适用的。在过往的实践过程中，学生团队往往忽视了指导老师对团队能力构成的考量与能动性的发掘，导致在沟通过程中学生团队不太愿意与指导老师进行交流。事实上，学生与指导老师进行有效沟通，能够显著提升团队绩效和学习成果。同学们在遇到困难时，应及时与指导老师联系。

2. 团队成员的能力构成

对于任何一个团队来说，成员的能力结构直接影响团队活动的成效。一支成熟的团队，通常拥有各种细分领域的专业人才。从乡村振兴实践活动的角度出发，需要具备统筹能力的组织者、想象力十足的创作人员、人际交往能力较强的调查人员、精益求精的绘图人员、口头表达能力出众的汇报人员以及其他满足团队需求的人员。任意一环的人员缺失或者"能不对位"都会对团队活动的高质量开展产生负面影响。因此，在团队成员的选择上，必须充分注意人员的知识结构和能力特点，充分发挥个人的特长优势。

在实践过程中，我们发现有时候同学们会因为之前小组作业的"组队惯性"，又或者是生活爱好方面的"一致性"，组成"能力构成"不合理的团队。同时，团队成员因为"抹不开面子"，继续以这样的团队组成开展项目。对于这样的情况，为了获得更好的团队成果，我们建议"长痛不如短痛"，尽早调整团队构成。

3. 团队成员的性格、个性、兴趣

在进行实践活动的初期，团队成员之间在性格、个性、兴趣等方面互相了解不深入是正常的。团队成员之间在前期缺乏默契甚至因为项目产生一些摩擦与矛盾也是可以理解的。团队成员彼此的特点、做事的风格，都是在一次次的讨论、交流中慢慢展现出来的。因此，作为团队的一员，每一位成员都需要抛开狭隘的"利己主义"，做决策的时候，站在团队的角度，做出符合团队"最佳利益"的选择。

4. 团队成员的价值观念

团队的成功归功于所有成员的合作与投入。共享的兴趣和一致的目标不仅是团队凝聚力的关键，也能极大地激发团队活力和热情。为了保持这种动力，团队成员需要就团队的价值观达成共识，并携手努力以实现共同的进步。团队中的每一位成员都有责

任维护和促进这种集体精神，为了实现更大的成就，需要相互支持和鼓励。

（四）优秀型团队的特质

一个出色的团队往往展现以下显著特质：团队成员之间拥有高度互补的知识和技能，性格和气质相互协调；团队强大的凝聚力让成员紧密团结；团队成员秉持共享知识的理念，相互学习、共同进步；团队表现出坚定的意志力和出色的抗压能力。这样的团队能在面临挑战时表现出极高的适应性和恢复力（图1-1）。

（五）失败型团队的特征

失败的团队往往会表现出一些共同的不利特征，如存在团队结构的明显瑕疵，无法有效分配任务和资源；凝聚力丧失，导致团队成员间缺乏信任和支持；意志力缺乏持久性，在挑战面前容易放弃；团队成员普遍缺少责任感，未能承担起各自的角色和任务。这些问题如果不及时解决，可能导致团队效率降低，甚至导致项目失败。

图1-1　和谐友爱的团队

二、村落选择

如果条件允许我们在若干个村落中进行自由选择，有必要在准备阶段有选择地对村落的基本信息、基础条件等进行初步筛选（图1-2、图1-3）。

村落的基本信息大致可以通过线上或线下调研获取。线上调研成本低、广度大，可以在前期快速、高效地获得相关的基础资料。线下调研成本高但较为深入，一般建议在完成线上调研并确定大致候选名单后进行。

村落的基本信息一般包括地理位置、交通状况、基础设施状况、经济状况、人口状况、产业基础、历史沿革、上位规划、人文历史等。同时，对于落地性较强的项目，还需要考虑村干部的执行力以及上级部门的支持力度。

除此之外，还应考虑村落离校的距离以及交通的便利性以减少调研成本。如果团队成员对于某个村落特别熟悉，也可以作为选择该村落的理由。如果结合竞赛进行实践，某些时候个别村落条件优越或者赛题非常吸引人，也可能吸引大量其他团队的关注，在做选择时需要注意是否要"千军万马过独木桥"。在赛题选择阶段，建议本校学生充分交流，并达成共识，避免多支队伍选择同一赛题。

图1-2 历史建筑保护较好的东屏古村

图1-3 基础条件优良的现代村庄

三、进度安排

（一）为什么

有效的时间管理对于项目成功至关重要，它不仅能够提高效率，还能增强团队协作和执行力。通过明确的时间规划和进度安排，可以确保项目各个阶段都能按时完成，避免因时间延误导致成本增加或质量下降；可以让每一位团队成员明确个人的分工，以及需要完成任务的相关时间节点；及时查漏补缺，确保没有疏漏。

（二）如何做

科学合理的进度安排对于保证乡村振兴项目按计划推进十分关键。乡村建造以及改造项目通常体量较小、周期较短，非常适合采用一些常见的进度控制方法来优化进度管理。

（1）任务分解。通过将整个项目细化为更小且易于管理的多个任务，同学们可以更细致地分析和规划。每个任务应依据其重要性和预定的时间节点进行排程。

（2）关键路径法（CPM）。识别项目中的核心任务和活动及其相互依赖关系，并建立路径图谱。关键路径是项目中影响整体完成时间的关键任务序列，对关键路径上的任务应给予优先关注和管理，这样才能确保不会延误项目的整体进度。

（3）甘特图。作为一种流行的进度显示工具，甘特图提供了任务开始和结束日期的清晰视图，还可以揭示任务间的相互依存性。利用甘特图，团队成员能够直观把握项目进度，并有效监控任务的执行状态。

采用这些方法能够帮助团队制定周密的计划，及时调整工作方向，并确保项目的顺利完成。项目管理研究强调，通过这些技术结合良好的团队协作，可以大大提高项目成功的可能性。

（三）是否需要调整

项目进度安排的目的是更好地促进项目高效、优质完成。进度计划是经过综合考虑各方面因素制定出来的，它反映了项目团队对项目实施进度的期望和要求。因此，严格按照进度计划执行可以确保项目按时完成，降低成本和减少资源浪费。

然而，项目执行过程中可能会遇到一些不可预见的因素，如天气恶劣、政策变化、人手短缺、资源不足等，这些因素可能导致实际进度与计划不符。在这种情况下，如果未能严格按照进度计划执行，可能会面临工期延误、质量下降甚至项目失败的风险。

在具体实践中，需要根据实际情况对进度计划进行调整和修改。这包括对进度的调整和对计划的优化。如果遇到不可抗力因素导致项目无法按照原计划执行，需要及时调整计划以适应实际情况。

此外，在调整进度计划时，需要充分考虑各方面因素，如项目目标、资源状况、质量要求等。调整后的进度计划应当能够满足这些要求，以确保项目的顺利实施和成功完成。

Practical Guidance for Architectural Design and Planning

Special Topic on "Rural Revitalization"

第二章

调研篇

图 2-1 调研实景

一、调研内容

前期调研一直是乡村振兴实践项目启动的良好传统，它可以帮助建筑师全面了解项目的背景、目标和需求，从而更好地理解项目的目标和定位。同时，通过调研和研究，建筑师可以获取项目所在地区的有关法规、政策、土地利用规划等信息，为设计方案的制定提供重要参考。此外，对项目场地的实地考察以及对相关专业人士的访谈，有助于建筑师更好地了解项目的特殊要求和技术难点，为设计方案的制定提供可行性建议。

建筑和规划设计调研在乡村振兴中具有强烈的特殊性。由于中国幅员辽阔，不同地区农村的经济发展、地域文化和地方政策都存在较大的区别，所以建筑师和规划师必须正视农村发展的地域性差异和在地性。在调研过程中，建筑师和规划师需要深入了解当地的历史文化、风土人情、建筑风格等，充分考虑当地的地域特色和文化传统。此外，广泛征求当地居民的意见和建议也是非常重要的，了解他们的需求和期望，确保设计方案能够真正满足当地居民的需求，提高他们的生活质量（图2-1）。

乡村调研的内容通常包括这几个方面。

（1）乡村基础情况。调研当地的行政范围、人口与用地规模、农民财政收入、农业生产方式、农业产业化程度、农村建设情况以及农民的文化程度、生活水平等。

（2）乡村产业发展。了解当地的产业布局、产业结构、产业规模、产业政策以及重点产业的发展情况等，根据发展现状、存在的问题和发展趋势，分析当地产业发展的优势和不足，将乡村产业发展的潜力充分挖掘出来。

（3）乡村人居环境。调研当地的乡村风貌、村庄规划、环境卫生、公共设施等方面的情况，了解当地政府和居民在环境整治方面的措施和成效。细化分析乡村的空间布局，其中包括建筑分布、公共空间、绿地系统等，并对乡村空间布局的合理性以及存在的不足和问题进行综合评估。此外，还需要对乡村的基础设施状况进行调查分析，包括道路、排水、供水、供电、通信等基础设施，通过调研充分了解并记录其现状，再对现存问题进行分析。

（4）乡村特色资源。挖掘整理现状特色资源，包括人文历史、名胜古迹、本土产业等，并制作空间分布图，梳理乡村的资源挖掘现状及问题，制定有效的发展规划。

（5）乡村治理体系。了解当地的基层组织建设、村民自治制度、法治建设、社会治理等方面的情况，分析当地治理体系的特点和问题。了解当地政府在乡村振兴方面的政策措施、资金投入以及实施效果等，分析政策措施的针对性和有效性。

（6）村民发展需求。通过调查问卷、访谈等方式收集村民的意见和建议，和当地村民进行对话，深入了解他们对乡村发展的真正需求和期望。

党的十九大报告提出实施乡村振兴战略，要按照"产业兴旺、生态宜居、乡风文明、治理有效、生活富裕"的总要求，建立健全城乡融合发展体制机制和政策体系，加快推进农业农村现代化。所以，乡村振兴实践项目调研需要基于地域性与文化性、生态性与可持续性、社会性与参与性、综合性与系统性以及创新性与实施性等，科学有效地激发乡村地区发展的动力。借助以上内容的调研，建筑师和规划师可以更加全面、多角度地了解当地乡村振兴的现状和现存问题，为制定科学的发展规划和政策提供基本依据。

二、调研方法

（一）调研的方法步骤

在实际的调研过程中，调研手段和方式很多（理论调研、实地调研），都是为项目的顺利推进服务。每一个调研方案的制定都是非常重要的，需要基于客观、专业的判断，需要围绕不同需求、目标、成果形式产生不同的议题目标，通过有针对性的调研得到案例、理论、方法、数据、现象，并分析背后原因机制、经验，形成理论与方法论，为后续更加精细化的设计工作提供指导和支持。

同学们应该根据项目的具体情况制定有针对性的调研计划。在此过程中，可以参考他人的设计成果，有目的、辩证性地选择方法。常见的乡村调研方法主要包括以下几个步骤（图2-2）。

（1）文献资料的搜集和分析。查阅乡村发展相关的政策文件、规划报告、学术论文等，了解乡村的基本情况、历史背景、发展现状和问题等。

（2）拟定调研计划和提纲。根据文献资料分析结果来拟定详细的调研计划和提纲，将调研目的、调研问题、调研方法、调研时间和人员安排等定下来。

（3）现场踏勘。前往目标乡村进行现场踏勘，对乡村的自然环境、基础设施建设、产业发展、文化遗产等方面的情况有一定的调查了解，探查乡村的空间布局和建筑风貌，并将相关信息记录下来。

（4）问卷调查和访谈。设计问卷调查和访谈问题，对乡村居民进行问卷调查和深度访谈，深入了解他们对乡村发展的看法、需求和期望，并收集他们的意见和建议。

（5）参与式观察。通过参与村民的日常活动，观察他们的行为和互动方式，近距离感受和了解乡村的社会文化、经济活动和人际关系等方面的状况。

（6）数据整理和分析。整理分析收集到的数据，其中包括问卷调查结果、访谈记录、现场踏勘资料等，并提取其中有用的信息，整合归纳乡村发展的现状和问题。

（7）形成调研报告。整理和分析所记录的数据，根据这些数据得出一些结果，形成调研报告，总结归纳乡村发展的现状和问题，并对其提出有针对性的建议和切实可行的举措，为乡村的可持续发展提供帮助。

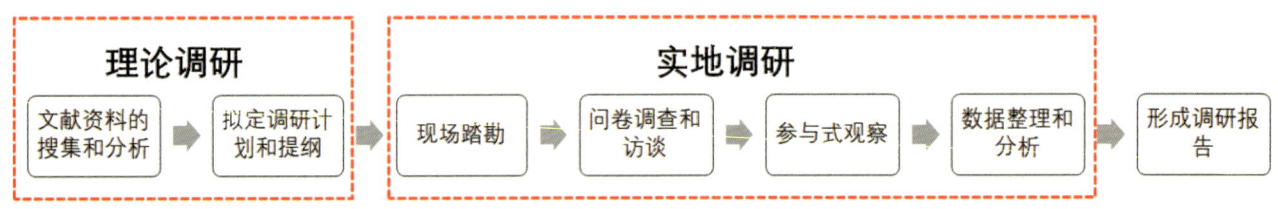

图2-2 调研步骤简化图

通过以上步骤，制定一份完整的乡村建筑规划设计的调研方案，为后续的调研工作提供指导和支持。同时，在调研过程中一定要秉持客观公正的态度，尊重当地文化和生活习惯，以确保调研的准确度和可信度。

（二）调研的几种方法

1. 查阅文献和政策资料

查阅文献和政策资料是调研前期的首要步骤，在不了解的项目背景或者场地较远的情况下，此类调研方式是比较合适的选择。

首先，前往当地图书馆、档案馆或相关机构查询有关乡村建设的相关文献和政策资料是一个好的选择。一般图书馆这类场所通常收藏了非常丰富的历史文献、规划报告、政府文件等，可以提供非常宝贵的基础资料。

其次，在当下这个信息时代，可以利用互联网搜索引擎快速地进行信息检索，获取大量的文献和政策资料。使用乡村建筑、传统建筑、保护政策等关键词检索，以找到更多与之相关的新闻报道、学术文献、政府文件等。除了相关文献，还可以提前对其他地区的乡村建筑案例进行收集、分析和比较。通过对不同案例的研究和比较分析，可以总结归纳不同地区的乡村建筑特点，分析其已有的保护经验，给当地的乡村建筑保护和传承提供更多发展思路。

在乡村振兴的大背景下，设计往往离不开国家和地方政策的导向引领和支持，我们需要通过浏览和翻阅当地政府部门和相关机构的网站的方式，查阅更多有关乡村建筑的政策文件、规划报告以及项目信息等。这些网站所提供的政策动态和实践案例，对同学们把握当地政府的政策导向和实践情况大有裨益。

此外，在诸如微博、知乎等社交媒体和其他专业论坛，也有很多关于乡村建筑的话题讨论。许多专业人士和爱好者乐于在此类平台上分享他们的经验和观点，收集和分析相关信息资料，能够为调研提供非常有益的补充材料。

再次，知网、万方、Web of Science 等专业的学术资料网站，是可以利用的重要信息库。广泛查阅相关的学术期刊、会议和学位论文，以了解和掌握最新研究成果和学术观点。通过这些论文了解和掌握更加深入和专业的研究和分析材料，为接下来的调研提供更多有价值的资料，奠定更扎实的基础。

最后，也可以通过与其他学科如历史学、社会学、地理学等的研究者进行合作和交流，通过这种跨学科的研究方法，从多个角度重新审视乡村建筑的问题，拓宽研究视野，为相关研究提供更多路径和方法。

2. 参与式观察和记录

除理论调研外，重要的调研方式还有实地调研，其中最为直接的调研方法是参与式观察和记录。参与式观察，是一种由观察者深入研究对象的生活情境中，在实际参与研究对象日常社会生活的过程中进行观察和研究的观察方法。需要注意的是，参与式观察的结果受观察者个人素质和能力影响较大，且无法有效避免主观因素对其判断的影响。相比较而言，参与式观察仍不失为一种较为真实、灵活、深入并且具有较高可信度的观察方法，非常适用于乡村这类复杂和生动并存的生活环境下的调查研究活动。

参与式观察是一种非结构性的观察，这种观察方式没有固定的程序和步骤，观察者可以根据实际情况随时进行灵活调整。常见步骤如下所述。

（1）选择观察对象：根据调研目的和问题，先对需要观察的对象进行选择，如乡村建设的相关活动。

（2）参与活动：以观察者的身份参与建筑施工、修复工程、文化庆典等与乡村建筑相关的活动。以亲身参与的方式，更加深入了解乡村建筑的实际情况。

（3）观察记录：在参与活动过程中，仔细观察并记录与乡村建筑相关的细部信息，如建筑特点、材料选择、施工工艺等。可以借助做笔记、录音以及拍摄等方式进行记录。

（4）互动交流：主动与参与活动的当地建筑师、工匠等不同的相关人群进行互动交流，深入了解他们对乡村建筑的看法与建议，并从他们口中获取一些过去的建设经验。通过沟通交流的方式可以获取更多的观点和看法，从他们对乡村建筑的看法、经验和建议总结归纳并寻找新的解题路径。从与这些相关人群的访谈过程中获取的丰富的口头历史信息和实践经验，能够帮助我们更加深入了解乡村建筑的悠久历史背景和丰富文化内涵。

在用参与式观察方式调研的过程中，有目的地采用一系列方法，以更加有秩序的方式来记录获取到的大量信息非常重要，这样可以确保后期能够更加有效地处理和利用信息。具体来讲，首先，可以运用记录法，在参与式观察的过程中及时用笔记本或电子设备详细记录观察到的一切真实信息，包括观点和问题。很重要的一点是，调查者需要确保记录的信息是真实的，并在旁边清楚详细地注明每条记录的具体时间、地点和参与者。其次，借助摄影和录像工具清楚地拍摄和记录乡村建筑的外观、内部结构以及施工工艺等。需要注意的一点是，照片和视频的质量，以能够准确地反映乡村建筑的实际情况为准则。

此外，调查者可以根据需要，现场手绘乡村建筑的平面、立面、剖面草图等，以此来辅助理解和展示建筑的空间特点和空间关系。同时，使用图表可以更加直观地展示相关数据和统计结果。调研过程中，调查者还可以对村民访谈进行记录，包括访谈对象的基本信息、观点、经验等详细内容。

容，可以充分利用录音设备来记录，确保每条记录都是准确真实的。

在参与式观察和记录工作全部结束后，调查者应在整理归纳并反思分析整个调研过程的内容后，作出一个相对全面的总结，这一步不可或缺。对最终的观察和记录工作的成果进行全面的评估和分析，找到存在的不足点，为之后持续改进调研方法提供参考。

3. 问卷调查和访谈

在调研中，问卷调查和访谈是调查者用来获取关于乡村建筑的相关信息和意见的常用的两种方式。问卷调查能够辅助调查者快速地获取和收集大量的数据和信息，并对这些数据进行定量的分析和筛选，以保留其中典型的信息。当然，问卷调查也存在一些局限性，例如有时被调查者的回答质量和准确度是无法保证的，并且某些信息很难用文字准确表述。相对而言，访谈是一种更为灵活和深入的调研方法。实践过程中，可以考虑同时采用这两种方式，用访谈的方式来弥补问卷调查的不足。

在设计问卷时，需要明确调研的目的，并合理设置需要解答的问题。可以围绕乡村建筑的特点、使用状况、保护措施等方面设计问卷题目。值得注意的是，问卷需要具备简洁明了、易于理解和回答的特点。问卷只有抓取足够且精准有效的信息，最终才能

为乡村设计提供参考。

在选择调查对象时，为保障调查对象更加具备代表性和广泛性，将当地居民、建筑使用者、相关部门的工作人员等不同类型的人群作为调查对象是比较好的选择。发放问卷时，为取得被调查者的信任和支持，需要向被调查者详细说明调研目的并予以保密承诺。

足量的问卷调查能够帮助调查者得到大量的数据和信息，其中包括被调查者的基本状况、不同类型被调查者对乡村建设的不同态度和看法，以及对保护措施的意见和建议等。最后需要对这些数据进行归纳整理和拓展分析，提取更多真实有效的信息并得出一些结论。

在进行访谈时，需要选择合适的访谈对象，根据实际情况制定详细的访谈提纲，以确保访谈过程能够围绕我们关心的问题进行。访谈过程中，与被访谈者围绕相关问题进行深入交流，更多地了解他们对乡村建设的态度、建议、看法和期待。访谈结束后对访谈内容进行归纳分析，将有效信息提取出来。可以将访谈记录整理成文字材料，并对之进行分类、归纳和分析。

最后，将问卷调查和访谈的结果进行对比和综合分析并撰写调研报告，在报告中需要详细介绍调研的背景、目的、方法、结果和结论，这能

够为后续的设计工作提供强有力的支撑和充分的依据。

运用问卷调查和访谈方法时，以下几点需要贯穿始终：①确保问卷调查和访谈对象的代表性和广泛性，以确保获取到更精准的结果；②在问卷调查和访谈过程中，充分尊重被调查者和被访谈者的权利和隐私，避免泄露个人信息和机密内容；③对收集到的数据和信息进行严格的数据保护和管理，确保文件数据的安全性和机密性；④分析数据和信息时，始终选择科学的方法和工具，最大限度确保结果的准确度和可信度。

4. 数据整理和分析

数据整理和分析是基于以上的乡村调研对信息处理至关重要的一环，它能有效协助揭示数据背后的规律和走向，为设计决策提供科学的依据，以提高效率。基于这些数据和分析方法可以更加准确地预测乡村未来发展动向，发现现存问题并优化发展路径。

在数据整理阶段，要对收集的大量数据进行全面的整理和清洗。其中包括去除无效、错误和异常的数据，以确保保留数据的准确性和可靠性。与此同时，还需要对定性的数据进行编码，将其转化为定量数据，以便于后续进行统计分析。为方便后续的数据查询、分析和计算，将整理后的数据录入数据库这一步骤也不可省略，可以建立专门的数据库管理系统或使用现有的数据库软件录入数据。

在数据分析阶段，需要充分利用各种统计方法和模型，对乡村建筑的相关信息和数据进行深入的分析解读。描述性统计是数据分析的基础，它能够帮助了解数据的集中趋势和离散程度。而相关性分析可以揭示变量之间的关系，可以将乡村建筑与当地社会、经济、文化等方面的关联更大程度地显现出来。还有一种重要分析方式是因子分析和聚类分析，它可以辅助找出数据的主要特征和分布模式，将乡村建筑的共性和差异揭示出来。主成分分析和结构方程模型也是可以运用的重要模型，它能够在相关性分析的基础上进一步揭示变量之间

的复杂关系和相互作用，以便更加深入地理解。

除了数据分析，可视化展示也扮演了重要的角色。通过图表展示数据的分布特征、变化趋势和变量之间的关系，可以更加直观地揭示数据背后的规律和趋势动向。此外，将分析结果以文字或报告的形式呈现出来，并配以图表和数据表格，可以让最终的结论更加清晰、更具有说服力（图2-3）。

在数据整理和分析过程中，以下几点需要时刻注意：首先，确保数据的准确性和可靠性，对异常数据进行处理或剔除；其次，根据数据自身的特点和分析目的选择合适的数据分析方法和辅助技术；最后，在分析过程中需保持客观中立的态度，避免带有主观偏见，得出误导性结论。只有经过严谨细致的数据处理和分析，才能得出更加可靠的结论和更加全面的建议。

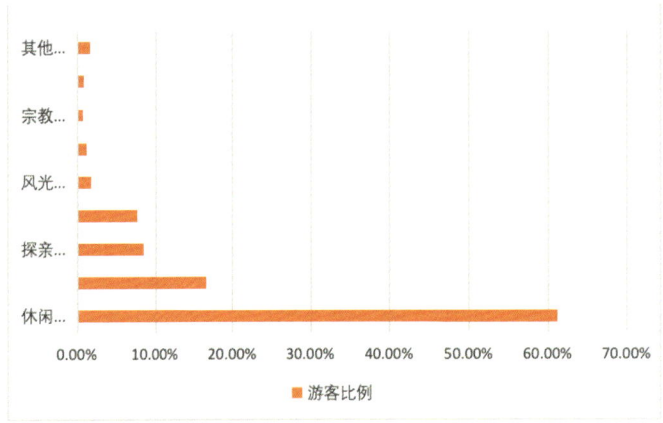

目的地类型

国内游客出游目的地分析

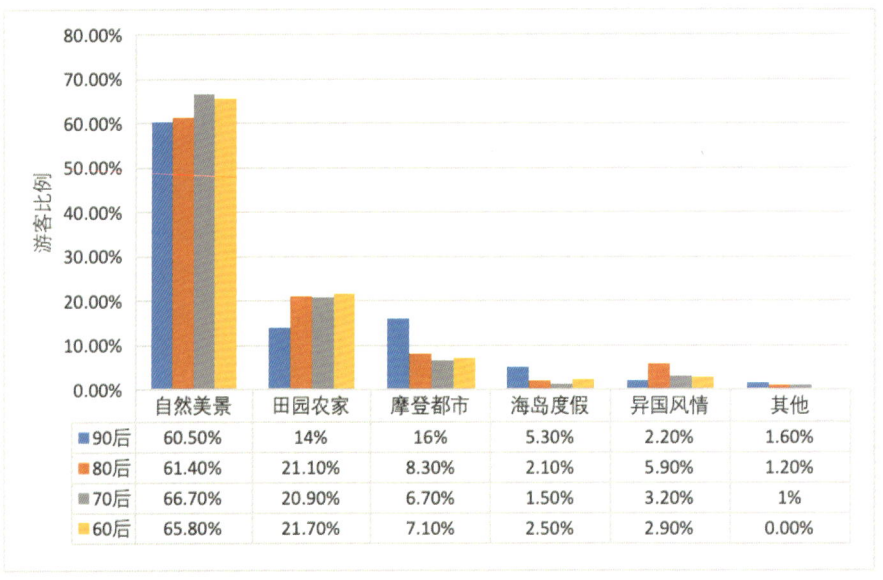

	自然美景	田园农家	摩登都市	海岛度假	异国风情	其他
90后	60.50%	14%	16%	5.30%	2.20%	1.60%
80后	61.40%	21.10%	8.30%	2.10%	5.90%	1.20%
70后	66.70%	20.90%	6.70%	1.50%	3.20%	1%
60后	65.80%	21.70%	7.10%	2.50%	2.90%	0.00%

年龄分段游客目的地分析

相关数据显示，我国目前游客近80%为散客，而周边游为市场的主体。大力发展乡村旅游，依托城市优势，因地制宜发展当地旅游建设，开拓旅游市场，打造旅游品牌，是吸引游客的重要方式。发展乡村旅游对促进乡村地区发展有着重要意义。

图 2-3　通过图表展示游客出游目的地分析

三、调研分析

在乡村建筑和规划设计的调研中，调研得出的成果可以为设计提供重要参考和方向引导，而设计则是对调研成果的具体实现和应用。因此，调研的成果需要进行理性的分析和处理。

调研成果的分析是指对获取的大量数据和信息进行整理、归纳、统计和分析的过程，其目的是更加深入地了解乡村建筑的现状、问题和需求。这个环节也是设计的基础和关键，因为它为设计师提供了有关乡村建筑的重要信息和理论指导，其中包括乡村建筑的重要特点、历史演变、使用状况、居民需求等方面的信息。

设计则是将调研成果实际应用转化到现实中的过程。根据调研成果中提供的信息和指导，设计师制定出切实可行的设计方案，以最大限度满足当地居民的需求和期望，并且在此过程中对当地的文化特色进行保护和传承。可以这样说，设计不仅仅是调研成果的外化和表现，更是对调研成果的进一步深化和拓展。

因此，调研成果和设计是相辅相成的。在实际的调研分析中，可以围绕以下几点进行转化。

（1）设计依据。调研成果可以为设计提供重要的依据。通过对乡村建筑的现状和问题进行深入分析，设计师可以更深层次地了解当地居民的真实需求和对未来乡村建筑的期望，在设计全过程中要充分考虑这些因素并在设计过程中反复确认方案在当地的可行性，根据实际情况进行调整，以确保设计不脱离实际情况和居民真实需求。

（2）设计策略。设计策略的制定要以调研成果为重要依据。对乡村建筑的特点及其历史演变轨迹和规律进行深入分析，设计师才可以制定出更加具有针对性和兼顾当地文化特性的设计策略，最大限度保护和传承当地的历史遗迹和文化特色。

（3）设计方案。设计方案的制定要以调研成果为基础。设计师在对乡村建筑的空间布局、结构形式、使用材料等方面进行深入的分析后，筛选出适合当地的空间布局、结构形式、使用材料，并由此提出更加合理并且符合实际情况的设计方案，以满足当地居民的需求和期望。对当地具备文化特色的事物进行挖掘和保留，使之成为该村庄的重要代表符号。

（4）设计实施。设计实施以调研成果为重要指导。对乡村建筑的材料来源、施工工艺、成本预算等方面进行深入分析后制定出切实可行的实施方案，确保设计的顺利实施并取得预期的效果。在将调研成果应用于设计时，建筑师要时刻注意设计的可行性和实用性，与当地村民保持紧密联系也能为设计提供重要帮助。注重保护和传承当地文化特色这一点十分重要，要与当地居民和工匠进行积极的沟通与合作，共建乡村的美好未来。

Practical Guidance for Architectural Design and Planning

Special Topic on "Rural Revitalization"

第三章

设计篇

一、概念生成

二、概念深化

三、图文表现

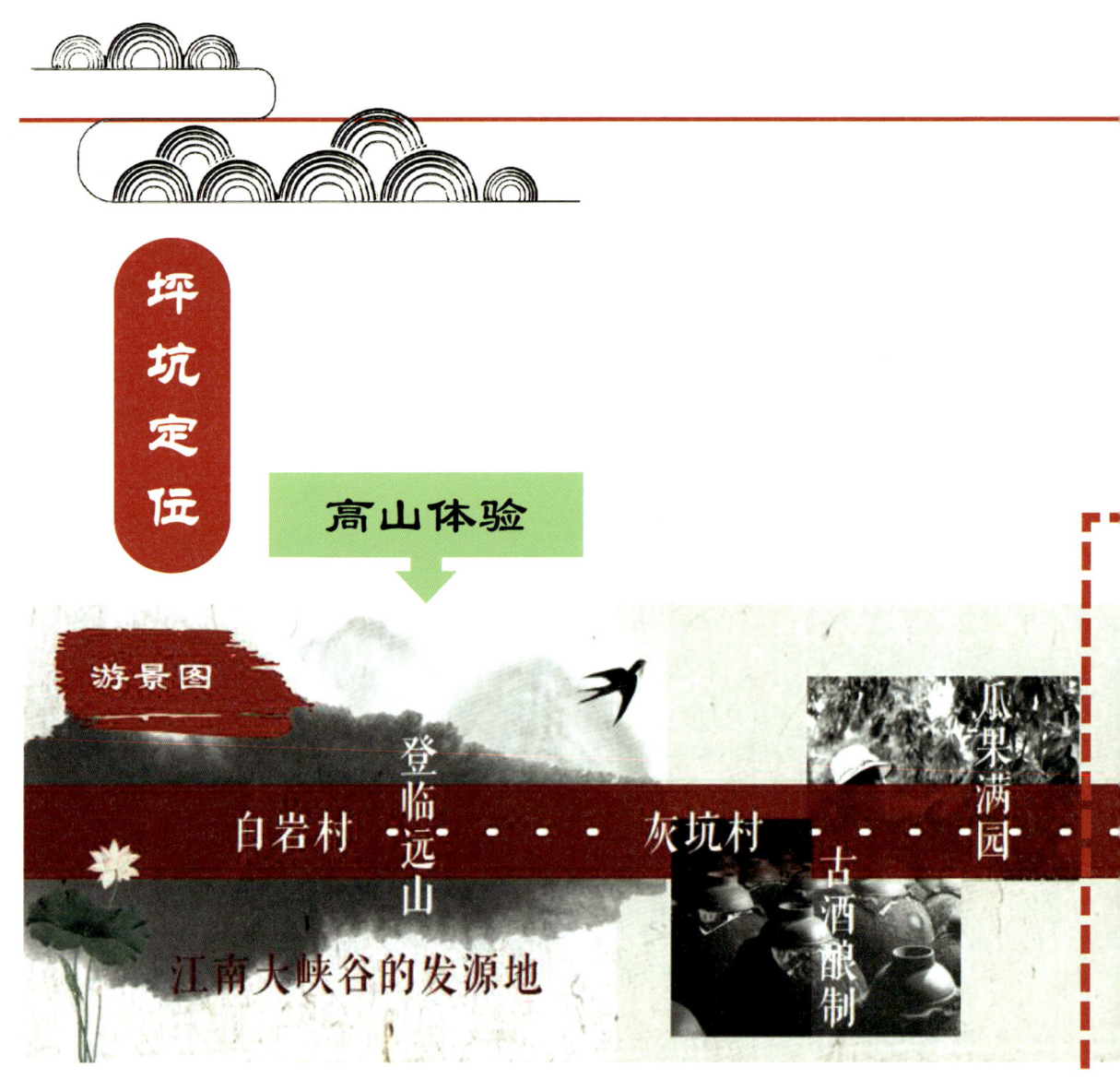

坪坑定位

高山体验

游景图

白岩村　登临远山　　灰坑村

瓜果满园

古酒酿制

江南大峡谷的发源地

一、概念生成

不同于平时在课堂中训练的建筑设计，乡村振兴中的建筑和规划设计更强调逻辑性：乡村有什么、缺什么，我们的设计能为乡村改变什么、带来什么。乡村设计的在地性、实用性，比设计效果的完美更值得我们关注。同时，如果参加相关竞赛，需要注意区别于一般的乡村规划，竞赛成果通常不需要面面俱到，而更需要突出乡村特色，为乡村未来发展出谋划策。

（一）逻辑框架分析

一个高质量的项目除了乡村调查、乡村分析，还需要清晰并有理有据地说明乡村发展中要解决什么问题、解决这些问题需要采取哪些措施、最终会带来什么样的结果等，并确保这些部分之间构成符合逻辑的关系。

逻辑框架分析方法是 20 世纪 60 年代开始发展起来的，该方法有一个基本的规律：一个复杂的公共项目不

山水画境 · 竹林茶隐

坪坑村村庄节点优化改造设计项目书

图 3-1 根据沿线村庄特色确定坪坑村定位

可能从一开始就能确定想做什么，而是首先要考虑清楚项目面临的问题、想要实现的目标，然后再提出相应的行动计划。

在实践过程中，要以分析的发展问题为起点，引出发展目标，才能确定相关建设行动。

在实地调研和找寻资料阶段，对村庄的现状有一定的了解，村庄或需要雪中送炭，或需要锦上添花，或遇到了瓶颈。

对于"锦上添花"型村庄，我们可顺应村庄发展逻辑，发挥专业特色，为村庄打造一条更有韧性的发展道路。在逻辑框架上，我们还可以沿用村庄之前的发展逻辑。

对于"雪中送炭"型和"瓶颈期"型的村庄，之前的发展方式已经无法支撑村庄的后续发展。我们在确定村庄新的发展道路时，需要从多方面寻找村庄发展的方向。首先，上位规划

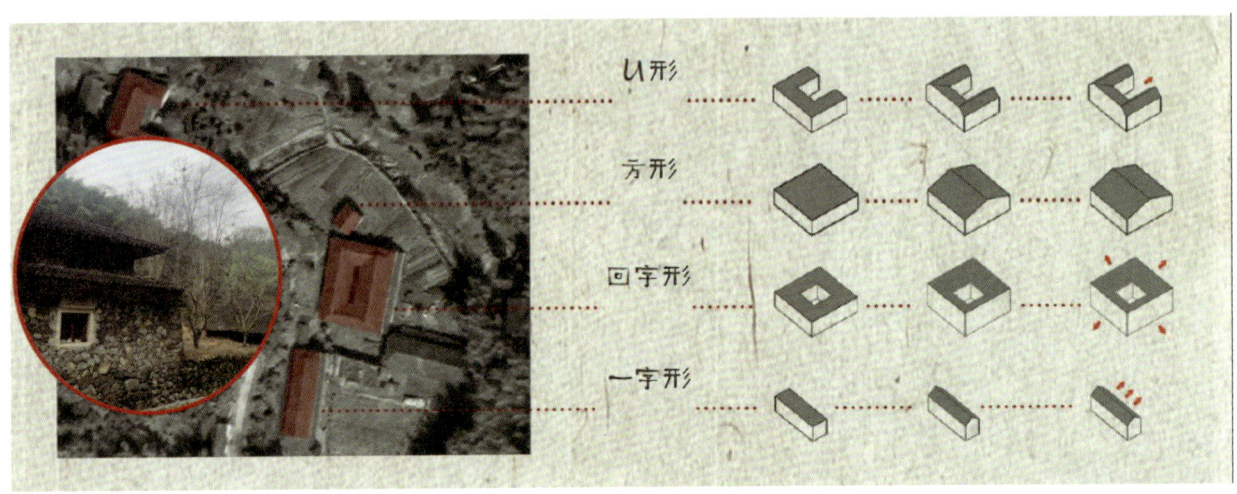

图 3-2 分析民居形态

图 3-3 将乡土材料运用到设计中

对村庄的发展起到提纲挈领的作用，从一个相对全局的角度对村庄的发展方向进行了确定。但是，我们在做项目，特别是竞赛项目时，不能完全受限于上位规划的"条条框框"，而要发挥主观能动性，从前期收集的资料来理性分析其能不能作为村庄后续发展的方向。其次，调查周边村庄的发展思路，走差异化发展路线。如果邻近村庄在发展经济型民宿，那我们可以考虑发展高端民宿；如果邻近村庄重在住宿和饮食，那我们考虑策划可以让游客驻足的活动；如果邻近村庄具有较好的农业资源，那我们可以考虑农产品包装和服务，将一、二、三产业融合发展；如果村庄周边已经形成一定规模的产业集群，那我们更要好好思考如何融入该集群中，走出自身的特色（图3-1）。最后，更要关注村庄现有的资源，挖掘村庄特色才是发展的必要条件，这将在下一小节进行详细介绍。

从以上叙述可以发现，对于村庄定位的逻辑框架分析一定要全面、有依据，从上位规划、周边村庄条件和自身资源多方面出发，找到合适的定位。

（二）找寻乡村特色

乡村是人类物质文化形态发展的产物，是村民长期与自然环境斗争的智慧结晶。村庄的布局和建筑形式都别具一格，展现了乡村的生活方式和极富地域风貌的美学形态。这些传统风貌、布局肌理和建筑模式都是乡村的文脉和特色所在。保护乡村，寻找乡村特色，既是每个村庄的内生需求，也是我们项目推进的重点所在。

下面将从地域文化、建筑文化、地域性景观和产业特色四个方面来阐述乡村特色。

（1）地域文化是某一特定地域人群在长期实践中形成的对其周围自然环境、社会环境、人类自身环境，以及与本地域联系较为密切的地域的适应性体系。它既与地理、历史相联系，又与心理特征及其物化表象密切相关。村庄中的地域文化包含村庄的历史故事、饮食文化、名人传说、节日庆典等特色。我们在调研时需要深入挖掘这些特色，在概念提炼时也不能将其抛之脑后。

（2）乡土建筑作为村庄的物质文化载体，直接反映乡村的综合自然地理环境。传统乡村民居利用有限的可供选择的地方建筑材料和建造技术，突出住宅与自然环境之间亲和关系的特征。我们在进行乡村建筑设计或改造时，一定要从专业的角度了解乡村特色建筑。修旧如旧对于乡村建筑来说是一个较难实现的议题，因此更建议提取乡土建筑的特征，用现代的方式打造乡土记忆。我们关注乡土建筑的每个细节及地方常用的木、石、砖、瓦等建筑材料，并注重从传统建筑的布局、墙体、屋顶、门窗和其他细部中提取地域元素，它们都能传达地域信息（图3-2、图3-3）。

（3）地域性景观是指在一个相对固定的时间范围和有相对明确的地理边界的地域内，景观受其所在地域的自然景观和地域文化、历史背景、生活方式等因素的影响，而表现出来的有别于其他地域的景观特征，是时间、自然、地理、文化、历史、风俗在某一地区空间形态上的现实体现。这种共同特征不仅反映了当地的文化特色，还是当地的景观形式、生产活动、村落空间布局与历史背景的有机整合，具有一定普遍性及相对稳定的自然和地域文化特征。这种特征会随时间的推移发生一定的变化，但在相对的时间段内，它是稳定的，也是可以把握、描述和加以表现的（图3-4）。

（4）随着社会发展水平的不断提高，我国乡村农业产业占比呈下降的趋势，但被赋予更多的功能。这种多重功能是指现代农业除了具有生产农产品这一主要经济功能外，同时还具有社会、文化和环境等方面的非经济功能。这种非经济功能极大地拓展了农业产业边界。我国的乡村产业由农业发展到多元产业，深入挖掘乡村产业，做足产业文章（图3-5）。

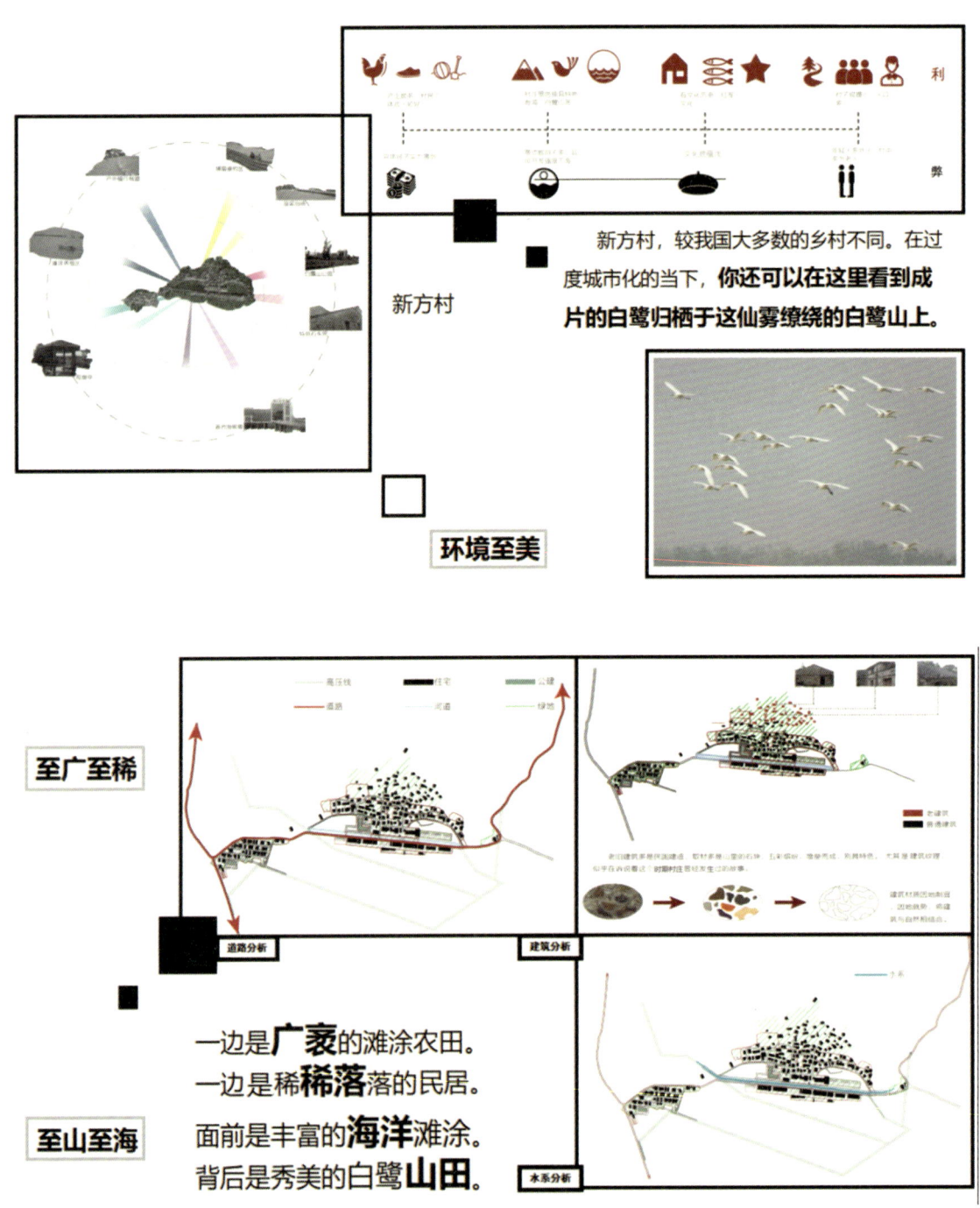

新方村，较我国大多数的乡村不同。在过度城市化的当下，**你还可以在这里看到成片的白鹭归栖于这仙雾缭绕的白鹭山上。**

新方村

环境至美

至广至稀

至山至海

一边是**广袤**的滩涂农田。
一边是稀**稀落落**的民居。

面前是丰富的**海洋**滩涂。
背后是秀美的白鹭**山田**。

图 3-4 某乡村环境景观格局

028

壹. 茶

峰峦叠翠

技艺娴熟 经验丰富

建设茶室 休闲娱乐

产地直销 市场广阔

贰. 木

坪坑村林木众多，且有根雕传统；
手艺人技艺濒临失传；
发展根雕产业可以传承文化和提供就业岗位。

四大核心物质产业

叁. 竹

资源丰富　文化传承　产业规划

肆. 羽

观摩学习　商品制作　村里的羽毛爷爷

陆. 八景

伍. 研学

将羽毛博物馆、竹编博物馆、根雕博物馆等旅行体验和研究性学习结合起来。**亲子系列互动学习**。工体体验，在快乐学习中增长见识，丰富闲暇生活。

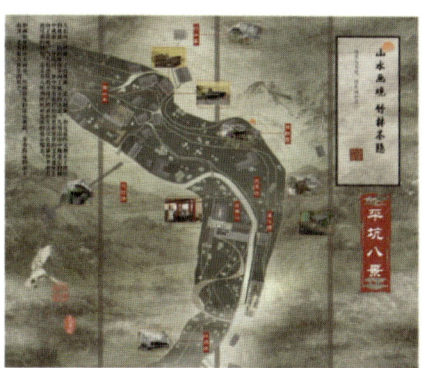

利用山水画技法作为整体规划的手段，由古道串联起来的八个景点，行径其中，步移景异，打造**坪坑八景**，使游客置身于中国山水画境般的烟火人间中。**打卡写生**，又是一处风水宝地。山水画境，竹林茶隐，分明画境即梦境，图中风景皆亲历。

柒. 民俗

坪坑村民俗民风多样，如四月八日牛生日、六月六日晒衣日。同时，村民们利用村中的自然资源发展了**竹制品、根雕、羽毛制品等手工艺**。村中还存在着各种各样的故事，尽显坪坑村的特色。

图 3-5　村庄产业挖掘

（三）提出设计理念

以上述乡村特色和乡村定位为依据，提出乡村的设计理念。乡村设计理念一定要突出某一特色，做足特色文章，特别是在竞赛项目中，面面俱到但缺乏新意是较为忌讳的。因此，设计理念一定是在乡村全面细致的调研分析基础上提出的。

（1）以地域文化为特色的乡村设计，除了在节点处融入相关的故事、文化、传说，还可以这些文化特征元素作为概念切入点，将全域打造成以地域文化为特色的村庄。如将相关的故事文化进行梳理，连点成线，使其成为亲子游的重要基地或孩童研学基地。

（2）以乡土建筑为特色的乡村设计，在规划层面，若村中建筑古朴，山林茂密，恰似某幅宋画中的景色，我们可借鉴画中场景，打造"宋风古韵"，这是别具一格的乡村特色；在建筑设计层面，有特色的乡土建筑成为建筑更新或新建筑的设计灵感，将旧建筑元素融入新建筑中，提出相应的建筑设计概念（图3-6）。

（3）以地域性景观为特色的乡村设计，在村庄的节点设计时，我们可以根据村庄现有的资源，如大片的集体农田，加以设计可使其成为农田景观（图3-7）；村庄的晒场空间可设计成为大地景观（图3-8）；村民休息场所也可以设计成为村落景观（图3-9）。

（4）以产业为特色的乡村设计，如若乡村本身竹林茂盛，我们在设计时可将竹景观打造成该乡村的特色，保留部分竹产业作为展示，创造一个宜居、宜游，又有产业特色的村庄（图3-10）。

概念

概念生成

项目以坪坑村优渥的竹林环境和独特的茶文化氛围为依托，利用山水画技法作为整体规划的手段，设置相应参观景点，打造坪坑八景。达到**山水画境，竹林茶隐**，做到分明画境即梦境，图中风景皆亲历。

山水 坪坑村的自然景色

画境 山水画的技法及意境

竹林 坪坑村具有优渥的竹林环境可以发展竹制品产业·设计竹景观

茶隐 拥有独特的茶文化氛围 发展茶叶产业·静心清俗

图3-6　结合村庄建筑和环境特色提出设计概念

16

图 3-7 农田景观

图 3-8 将晾晒广场设计成大地景观

图 3-9 将村民休息场所设计成村落景观

图 3-10　将竹元素运用到村庄设计中

前期分析 —— 跟随村民脚步

村庄格局**方正**，道路横平竖直

人口结构**完整**，人们安居乐业

建筑较**为现代**，并无传统房屋

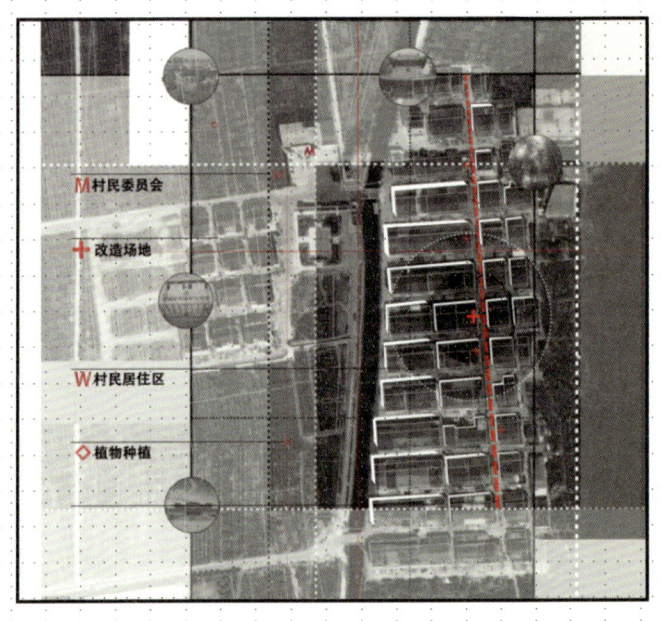

矩廊错落，石跃绿茵；风动浮竹，新兴方庭
方庭以活跃周边环境为目标，以服务居民为理念

庭院中心的方廊由四个大小不一、
高低不同的矩形亭子交叠而成。

图 3-11　在设计时遵循村庄方正布局

二、 概念深化

（一）确定主题

设计主题应起到承上启下作用，也就是说，设计主题要从村庄的特色出发，更要与设计的具体内容息息相关。设计主题的确定需要分类讨论。

有的村庄特色鲜明，发展道路明晰，特色、主题和设计内容一脉相承。如一个项目是在一个已经发展较成熟的村庄内进行节点设计，主题非常明确，需要打造网红打卡点，那我们在设计时就应该根据村庄特色和具体功能进行深入研究，做到"网红有据可依"，让村庄发展更进一步。

有的村庄特色多样或特色平平，无特别突出之处，可分析现状，寻找适合的发展道路，确定发展主题。如一个项目所在村庄老村已拆除，新村"排排坐"，无建筑特色，在竞赛时学生应发挥主观能动性，以新村棋盘状布局作为出发点，在设计时应用方正元素，将设计中的具体特色作为设计主题，设计主题起到承上启下的作用（图 3-11）。

设计主题的具体名称除了要与设计的内容相关，还可从以下两点来考虑：用简单明了的、通俗易懂的词语来进行陈述，如"舌尖上的美味"，也可通过对仗的词句，体现出一定的人文素养。一个好的主题（标题）使人一目了然，并令人耳目一新，好的

主题是成功的基础（图 3-12）。

（二）逻辑梳理

除了地理条件、基础设施等硬件差异，在人才、村庄定位、发展思路上，乡村与城市也有显著的差距。

在城市做设计时，甲方对地块的性质、要求较明晰，对具体的功能设置也有较明确的想法，建筑师很少参与前期的策划工作，而更多思考功能布局、空间效果、流线组织等专业相关度更高的方面。

在乡村做设计时，除了外来投资者下乡投资，其他情况下，村庄对整体的规划、发展方向、功能定位的思考并不明晰，尤其是在竞赛背景下，极少涉及外来投资项目。因此，在做乡村设计时，我们应更关注前期策划，也可以说，前期策划的合理程度，决定了项目的可行性。

综上，在做逻辑梳理时，除了提出相关设计概念、设计图纸的表现和细部节点的设计，应重视前期分析。前期分析包括社会大背景（国家相关政策等）、村庄上位规划（县域规划、镇域规划等）、周边村庄资源（走差异化路线或协同发展）、自身村庄资源（物质资源如建筑、山林、农田等，非物质资源如文化、传说、故事等），以及村庄存在的优劣势（图 3-13）。上述分析并不是泛泛而谈，而是需要

经过深入思考与分析，并提炼对后期概念和设计有用的内容，环环相扣，形成简明的逻辑线路，让人一目了然。

（三）落到空间

从前期的指导经验来看，在指导教师的帮助下，同学们基本能完善前期分析，但整个方案的落地性有待加强。也就是说，同学们缺乏将概念落实到空间中的意识和能力，如果想法不落地，再高级的概念也只是空中楼阁，对村庄的发展无益。

规划类型的方案，需要将概念落实到村庄全域，根据方案设想村庄的建筑、道路、水系、田块等如何进行重新布局。如果是旅游类的规划，需要落实游客服务中心、公共厕所、停车场等位置的布局，且符合一定的技术要求；如果是为游客一天活动的策划，需要将游客的活动项目落实到具体的点位，并寻找一条合适的路径将各个点位串联起来；如果是对村庄产业的提升，除了说明产业如何融合发展，还需要布置产业具体的落地点位。此外，规划类型的方案，除了整体的空间布局，重要节点也需要进行设计，较为重要的节点需要自行设计出效果图，其他节点可找相应的意向图进行替代（图 3-14）。

人之一生都带有记忆乡愁的乡土之爱。若我们如白鹭，半生奔波，自远方而归栖，此心安处便是吾乡。我们希望这是个远离繁杂，心归乡愁的地方。

因此"白鹭归栖 心安吾乡"成为我们规划新方村的主题。

心理特点
（1）认识能力低下
（2）孤独和依赖
（3）情绪大起大落
（4）睡眠障碍

心理特征
（1）感知系统方面，退化性变化
（2）肌肉骨骼系统方面，内脏功能以及肌肉的衰退
（3）思维系统方面，脑组织开始萎缩，动作缓慢

行为模式
（1）规律性和长期性
（2）私密性与集聚性
（3）共性化与个性化

社会价值
老人仍可实现以参与社会劳动，且可以进行世代之间精神与知识文化的延续，将生活经验传给后人

生活质量
年龄、性别、婚姻，经济收入及慢性疾病对老年人的生活质量等都有不同的影响，其中物质生活条件仍与老年人的日常生活、身心健康水平息息相关，生存的需求仍是老年人的主导需求

图 3-12 确定设计主题"白鹭归栖 心安吾乡"

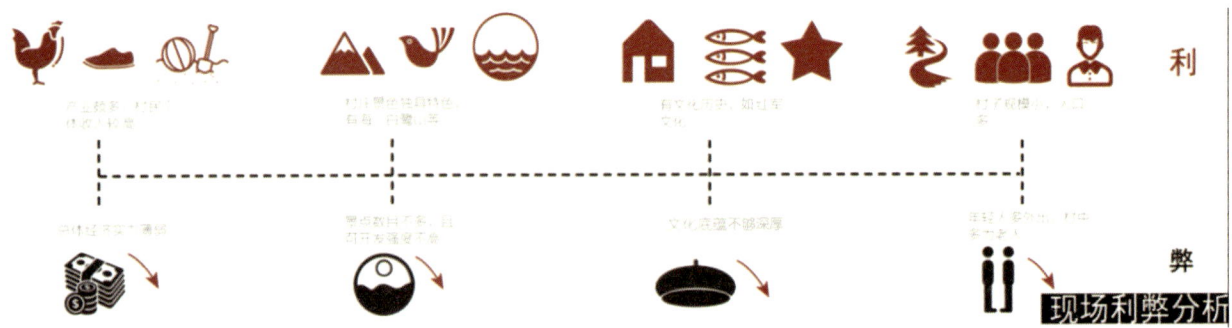

图 3-13 村庄优劣势总结分析

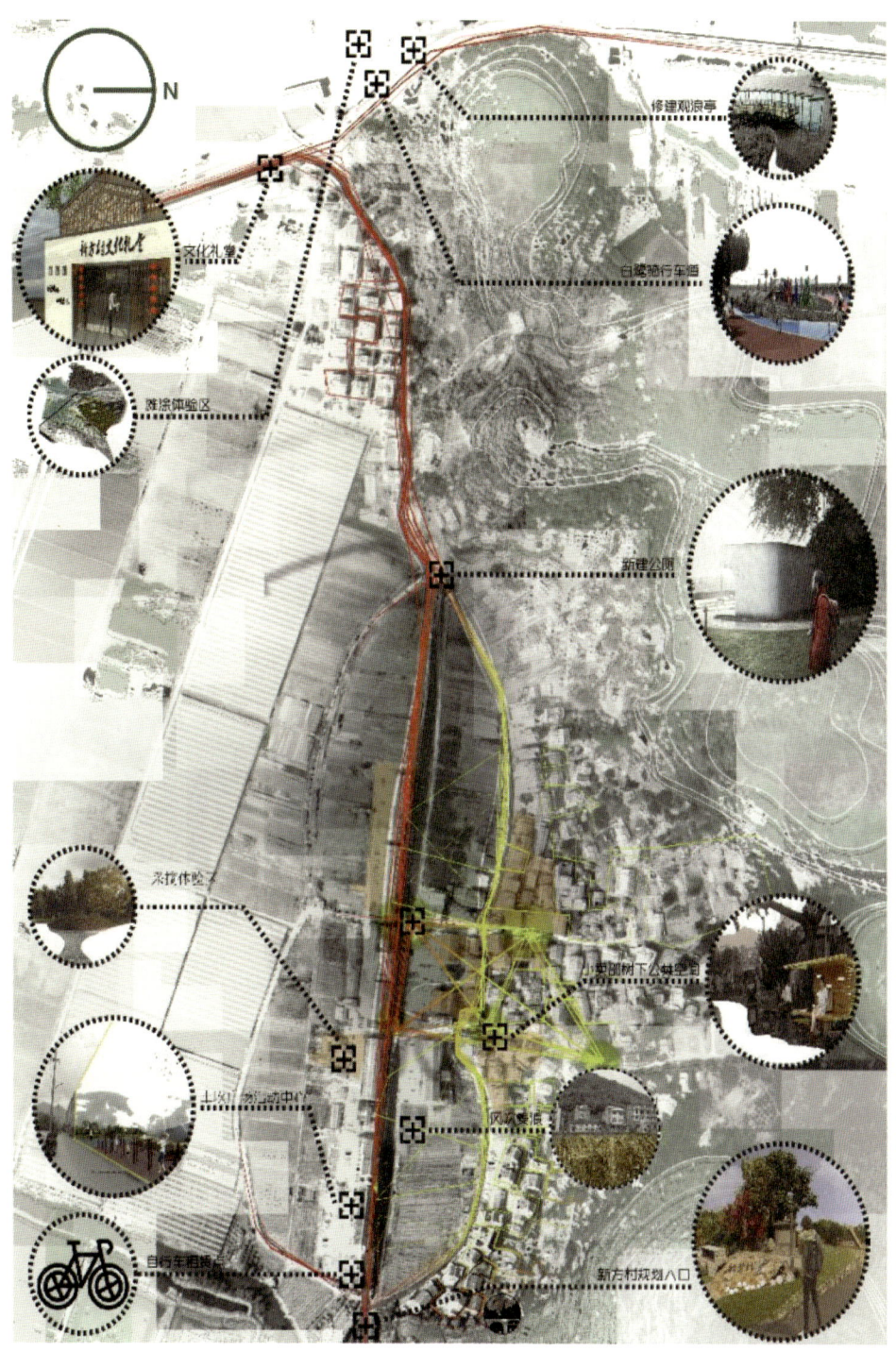

图 3-14 村庄规划中重要节点的设计

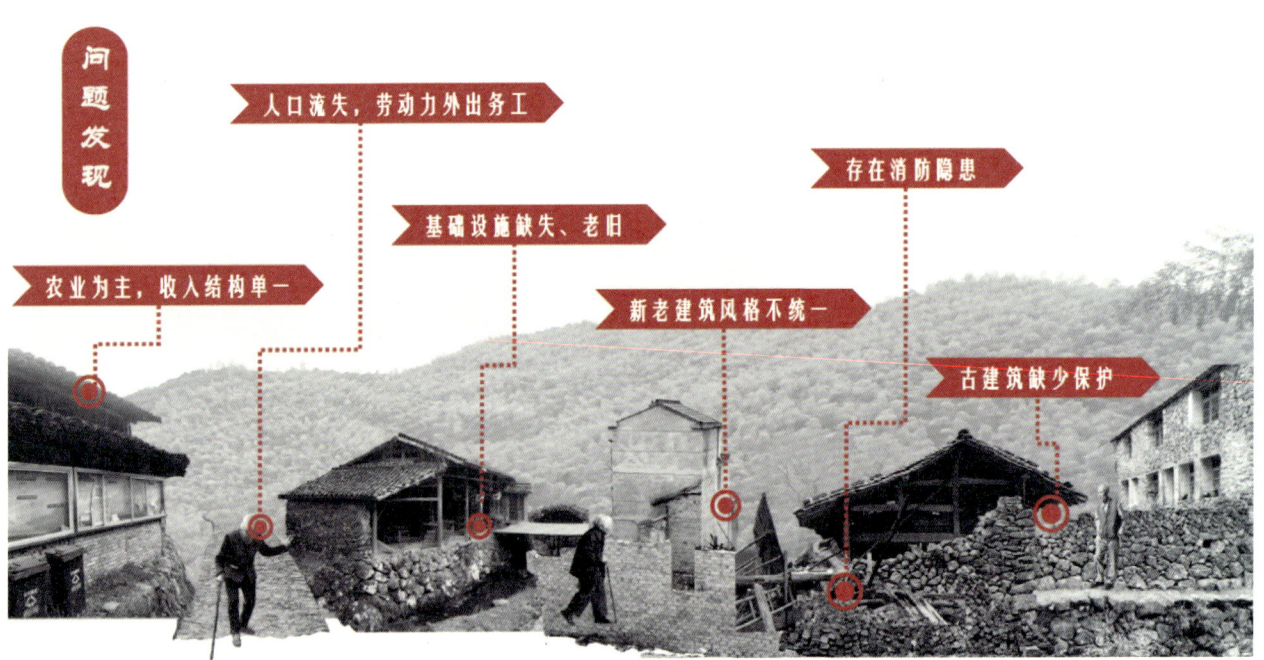

问题发现

人口流失，劳动力外出务工

存在消防隐患

基础设施缺失、老旧

农业为主，收入结构单一

新老建筑风格不统一

古建筑缺少保护

图 3-15　用图文表现村庄现存问题

三、 图文表现

乡村振兴实践是小组合作任务，很难靠一己之力完成，前期需要组员间头脑风暴，出想法、出概念。在图文表现期，组员间更需要通力合作，才能高效出成果。

（一）统一格调

无论是在做文本、展板还是汇报PPT时，都需要先进行小组讨论，统一风格。具体的风格需要与设计理念有一定的关系。如村庄要发展绿色农业、康养农业，建议以绿色为主色调，突出农业的绿色特征；如果在设计中想要体现古代风韵，那就需要在图文表现时进行体现；如果是做一些产业类型的规划，如橘子产业，那最好使用黄色调的版面；如果设计的内容没有鲜明的风格或颜色特征，可根据组员的喜好统一风格和色调。

统一的风格有助于提高小组效率。在制图阶段最需要分工合作，将每个组员的任务落到实处。在统一的风格指引下，组员们可以分头行动，最后将各个部分整合在一起，达到高质高效完成项目的目的。

（二）内容可视

图像信息比文字信息更直观，能让观者一目了然；而文字信息较为冗余，内容庞杂，难以产生视觉冲击力；好的图像表达具有美观性，会让观者产生审美趣味；好的图像表达既能传递浅层、基础信息，也能隐藏更深层次的信息供观者解读。

在实践过程中，我们发现在前期分析时，很多小组会出现直接使用照片、直接将上位规划放在版面上使用、文字过多等现象。这些现象导致的结果是让人很难一眼找到重点，并不利于有效阅读。未统一色调的照片和其他图纸，无法让整体版面统一，会降低印象分。因此，在前期分析时，我们需要根据要表达的思想与定好的统一格调，对照片或任何其他信息进行再处理：如需要表达村庄基础设施较差的照片，可以将照片中其他内容淡化，凸显基础设施部分；如需表达上位规划中对该村庄的定位，可以将所有村庄的定位进行梳理，分门别类，可用不同的颜色进行表示，最后凸显目标村庄的定位；如需表达如村庄人口比例等数据，可以制作图表，也可利用二维简笔图标进行表达，再在旁边配上一定的说明文字（图3-15）。

我们在表达时，尽量将所有数据都可视化，并凸显需要表达的内容，让信息表达简洁、清晰、完整。

（三）版面排布

在整个实践过程中，为了取得较好的沟通效果，需要制作排版的内容较多，包括海报类、文本类、汇报PPT类。在日常的排版中，文本类和汇报PPT类的版面会稍有不同。一般来说，文本类会更注重文字内容，而汇报PPT类更注重视觉冲击力，将文字内容转化成演说者的口头报告。

文本类（汇报PPT类）的版面排布一般用一页讲述一件事，以免评委遗漏；海报类需要将内容梳理成各个小块，对各小块进行排序，一般根据重要图纸的尺寸、画面和方向进行版面设计。

一般读者的阅读顺序是从上往下，从左至右，因此在排版时可遵循此原则，对标题、图片、正文内容进行编排。

为了追求视觉冲击力，也可以在版面中设计斜线、色块等进行辅助，让版式优美、重点突出。

Practical Guidance for Architectural Design and Planning

Special Topic on "Rural Revitalization"

第四章

汇报篇

Presentation

一、 汇报逻辑

汇报是乡村振兴实践的重要组成部分，不论是与甲方沟通还是参加竞赛汇报，除了要有扎实的项目调研基础，掌握科学的汇报方法，从整体上把握汇报逻辑也尤为重要。汇报的目的是结合 PPT 与口述，向村民、专家或评委展示项目，一般遵循发现问题、分析问题、解决问题的逻辑进行。

二、 PPT 制作

PPT 关系到听众的观感以及自身汇报逻辑的搭建。一般先通过标题形式完成 PPT 的大纲，然后根据每个标题进行细化。这样的方式有助于整体逻辑的搭建，可以有效避免过于关注一些细节而丧失大局观。PPT 一般应该包含大背景的介绍、现状的分析、设计策略的分析、具体设计的展示以及产业的分析。具体细节根据具体项目有所不同，但是遵循的整体思路是差不多的，都是在发现问题的基础上解决问题。同时，项目越来越强调落地性，在 PPT 汇报中也应着重体现。

三、 汇报技巧

（一）提升表达能力

项目汇报是与评委或者观众直接的交流互动，好的表达和现场表现能迅速拉近汇报者与听众的距离。表达能力的提升是一项系统工程，需要项目成员在日常的学习生活和工作中多积累、多实践。

就项目呈现的汇报来说，首先要对项目的内容足够熟悉，对 PPT 的每一页内容都很有把握，这样才能增强表达的自信心，不至于受到现场的干扰；其次要注意表达的音量和语速变化，一段好的演讲必然是带有情感的，因此在表达的过程中需要对内容进行分析，并通过音量的增减和语速的变化突出重点内容、表达真挚情感；再者要注意表达过程中要有停顿，停顿是为了给听众理解内容和产生共情的时间，要避免因为表达节奏过快让听众疲倦，从而影响汇报效果；最后要把握好路演的时间，树立良好的时间观念，不要超时。

（二）克服紧张情绪

对于大多数汇报者来说，紧张是一种必然的情绪表现。如何克服紧张的情绪？汇报者可以在上场前调整呼吸，做几次深呼吸缓解紧张情绪，或者给自己积极的心理暗示。在上场开展汇报时，可以站定后平复几秒钟再开口说话，也可以在开头和评委或者观众进行简单的互动，增强自信心，消减紧张情绪。汇报进行中，汇报者可以主动地转移注意力，尝试把注意力完全集中在演讲的内容上，也可以根据实际情况适当地主动回避听众的负面反馈。

（三）关注肢体语言

肢体语言作为一种重要的公关手段，包括手势语、目光语、身势语、面部语等，即通过仪表、姿态、神情、动作来传递信息。肢体语言在汇报中扮演重要的角色。汇报者要重视站立和坐姿基本规则，汇报过程中减少下意识的小动作，举止要大方，做到站有站相、坐有坐样。

汇报者还要重视眼神交流的作用。如果听众比较少，可以把目光进行大致平均的分配，关注到每个观众；如果观众比较多，目光落在正前方的中间区域，在整个汇报过程中结合内容适当地进行调整，以达到良好的眼神交流目的。此外，除了特殊要求或者配合具体内容，团队成员在整个汇报呈现的过程尽量保持微笑，给人以自信阳光的印象。

（四）提升答辩技巧

项目团队成员除了要呈现好项目本身，往往还需要对汇报之后的答辩进行预测和准备。团队成员需要明白，答辩是另一种展示的方式，如果对自身的项目以及内容足够熟悉，分析足够充分，呈现状态足够自信，且过程中有大量准确的数据和权威专家的支持，再加上自信流畅的表达，相信很多的问题都能迎刃而解。同时，答辩也是一次诊断，通过与听众尤其是专家的交流，可以帮助项目组成员发现问题，对项目本身是一次很好的纠偏的机会。

答辩技巧有以下几点。第一是提前准备，很多答辩的问题是可以预测的，团队成员可以通过事先预测答辩的问题，确定相对成熟的应答方案，在对项目足够熟悉和自信的前提下，大多数的问题都能得到很好的应对。第二是注意倾听，团队成员要听明白问题和问题背后需要隐藏的信息，如果没有听明白问题，或者无法判断问题的重点，可以态度柔和地请对方简要阐释，或者根据自己的理解复述问题要点并请对方确认。第三是精简回答，现场交流时间是有限的，团队成员需要针对问题给予正面的回应，做到重点突出、条理清晰，尽量避免答非所问和绕圈子的情况。第四是态度和善，无论对方提什么问题或者以怎样的方式提问，都要注意控制情绪，注意回答问题的态度，向现场的观众展示更多的友好与和善。特别是在遇到很难回答的问题时，团队成员要表现出更多的谦虚和善意，表示愿意继续学习提升。

Practical Guidance for Architectural Design and Planning

Special Topic on "Rural Revitalization"

第五章

实践篇

一、 沟通交流

在实践过程中，交流与沟通是极其重要的，及时的沟通交流能有效推动项目进展。在乡村实践的过程中，团队成员需要与各方密切沟通，从不同的渠道不同的角度获取信息。不同于平时的课程设计，在乡村实践过程中不仅要会思考，更要会聆听。村民的需求、村庄的规划发展等等都需要在沟通交流中发掘。

（一）与队友沟通

与队友沟通是项目顺利进行的基础，在实践过程中需要发挥队友的长处，相较于课程设计按部就班的进度推进，乡村实践存在更多的不确定性。项目团队不仅需要有设计能力，更需要有应变能力。队长需要合理分派任务并及时与队友沟通解决问题。项目团队在前期设计阶段应该多以线下开会的形式推进设计工作，会议应以解决具体问题为主要内容，队员各抒己见，最后总结最优的设计形式。在驻村阶段会碰到各种各样的难题，队长更需要及时关心队员生理及心理状态并及时调整分工。除了语言上的沟通交流，团队中情绪的传达也会在很大程度上影响大家的状态，队员应互相鼓励，享受过程才能收获更好的实践体验。当然在遇到难题时，指导老师是最值得信赖的队友，需要帮助

时要及时与指导老师或校方沟通以获得"最坚强的后盾"，为项目的顺利推进保驾护航。

（二）与村干部沟通

在调研期间应注重与村干部的沟通，对村庄的民俗历史、发展变迁以及未来规划等进行较为深入的探讨。尤其是对村庄未来发展的规划与定位会直接影响到设计的方向，而负责村中事务的村干部无疑是对这方面最为了解的。在后续的施工阶段要与村干部及时沟通，无论是大赛方还是老师都难以在施工阶段实时提供实质性的帮助。对于施工人员的安排、建筑垃圾的清理、村中资源的调动，直接找对应负责的村干部是效率最高的，遵循"专事找专人，找大不找小"的原则能最大限度地提高沟通效率。在与村干部的沟通中要始终保持谦逊与尊重，村干部的支持与肯定是项目顺利落地的重要因素。

（三）与村民沟通

乡村振兴是需要落到实处真正解决乡村痛点难点的，因此了解村民的需求至关重要。在与村干部的沟通中能了解到村庄的总体规划，而与村民的沟通则能更加精准具体地了解村民所需。也许有时候村民的想法会与村

庄的总体发展相矛盾或者与团队想要的设计方向相矛盾。此时需要明白，对于村民来说这是属于他们的房子，承载了他们大半辈子的记忆，村民才是我们真正应该服务的对象，无论是调研阶段、设计阶段还是施工阶段都应该与村民保持最密切的联系与沟通。在遇到设计意愿相冲突的时候应耐心与村民沟通并权衡利弊，切勿一意孤行，尊重村民才能获得村民的尊重与支持。

（四）与大赛方沟通

对于竞赛项目，大赛方作为竞赛规则的制定者，负责制定实践主题、安排赛事进度、协调各方力量等。我们需要在前期设计阶段与大赛方充分沟通以保证材料格式细节正确，设计方向没有疏漏与错误。团队可以直接拨打大赛方秘书处的电话，以获得最准确、最及时的回复；在后续施工阶段的进度安排、人员安排上都可以直接联系大赛方，以便及时解决问题。

（五）与对手沟通

乡村实践项目不仅仅是一个走进乡村、改变乡村并发挥设计价值的活动，更是提升自我、互相学习的机会。在与其他团队成员同台竞技时也应友好沟通并取长补短，由于多个团队同

时推进项目，对施工人员的需求量很大，会产生施工人员不足、建材难以一次性到位等问题。这会严重拖慢整体施工进度。因此，与其他团队成员沟通并合理分配资源才能实现合作共赢，互相学习借鉴也能使项目进行得更加顺利，闭门造车、拒绝交流永远无法得到真正的进步（图 5-1）。

几米桥头 千年遗风

图 5-1 与其他团队成员交流

二、现场指导

施工的现场指导对设计的落地完成度会有很大的影响，在设计时会有很多创意，而这些创意的可实施性往往存在一系列的问题。这些问题在后续施工中会存在安全隐患、效果不佳等情况。所以，我们不仅要在设计时充分考虑创新做法，更要在施工时提供明晰的指导。

（一）前期修整

在乡村实践中，不论是空间改造还是庭院设计，在施工前要做的就是对场地的清理。在一些项目中还会存在房屋墙体破损、屋面漏水等一系列问题，这些问题需要在调研阶段就做好全面的了解，在施工前跟相关人员及时沟通。如何进行防水处理，墙面修补采用原材料还是新材料等，这些前期的修缮细节都要与现场施工人员沟通明确。对于实践项目中可以利用的老物件也要提前保留。

（二）硬装指导

前期修整完毕后就是水电工作，在这方面多与水电工协商，有经验的水电工对于水电管线的布置往往会有比较妥当的处理方式，如果有一些特殊的需求需要提前跟水电工说明，并协商实施的可能性，比如管线的隐藏、插座的位置等。在地板、墙面、天花等材料的选择上要从调研阶段就开始考量，一方面要考虑与空间理念的契合，另一方面要考虑运输与安装，在调研阶段就要对周边的建材市场进行走访，大致了解附近的材料。在周边购买材料在退货、运输等各方面都会比较便利，尤其是地砖、瓷砖等材料会存在一定损耗，在周边购买补货也会更加方便。同时，很多建材店的老板也会提供上门服务。

（三）软装指导

软装不仅包括家具也包括灯饰、窗帘、挂画、花艺饰品等。软装对于空间的氛围感、舒适感营造都有决定性的作用。对于乡村空间改造来说，软装的作用是远大于硬装的。受到结构安全性、施工成本、工期等制约，一般来说空间的布局不提倡做太大的改动。所以，硬装通常难以产生颠覆性的效果，我们需要将更多的精力投入软装设计，以达到更好的空间效果。在软装方面，团队主要需要指导木工去完成一些家具的定制施工。家具的选择或设计是需要契合当地特色及空间特点的，从造型、风格、材质都要有所考量。很多时候简易的定制家具会有意想不到的效果。定制家具的材料可以选择到附近的板材店挑选，也可以因地制宜选用当地的木材，为木工提供较为详细的图纸以保证成品的完成度。

三、验收汇报

（一）项目验收

项目验收时，如何保证项目呈现最好的状态是验收过程中的要点。在设计施工时就要保证项目的实用性与耐久性，刚刚完工时或许会有比较好的效果，但也许过段时间就会因为设计不合理或者施工不到位等产生破损问题。一个真正优秀的设计应该要具备前瞻性，历久弥新，一些"网红设计"的做法或许能使建筑或空间在短时间内焕然一新、吸引眼球，但在乡村振兴的项目中不能全盘照搬。一方面不一定契合村庄基调，另一方面维护项目效果会需要额外的人力物力。与此同时，在验收前也要做好维护工作，保证其在验收时能有最好的效果。一些绿植或是其他需要维护的装饰布置尽量安排在验收前几天，这可以有效减少维护成本，也能在验收时保证最好的效果。建筑设计类的项目可以在验收当天通过调节室内温度、放置香薰、加湿空气等小细节来提升项目的感官感受，也可以通过摆放茶具、水果等元素增加生活气息。当然最重要的是要凸显项目特色、放大项目亮点，让甲方以及专家能更加直观地感受项目的设计特色。

（二）项目汇报

项目汇报是展示方案的重要过程，在整个实践过程中会有许多次汇报，前期的方案汇报、中期检查、后期的汇报答辩都需要精心准备。前期的方案汇报应以调研内容、设计理念为主，将设计理念的生成逻辑与村庄特色相结合，展现项目的特点。中期检查主要体现项目的进度，体现如何能保证项目顺利推进。后期汇报答辩需要完整地展示项目，除了设计理念、设计亮点等常规的汇报内容，也可以将项目手册、文创产品等向甲方展示，让甲方更加直观、多维地了解项目特色。在汇报中也可以加入一些展现团队风貌的内容，让甲方看到项目实施过程中的其他亮点，尤其是一些当地材料的运用、当地元素的植入。

汇报除了必要的汇报逻辑，应尽可能地表达对乡村振兴的热情，相比于华丽的描述，真情实感的表达更能打动甲方，这在竞赛项目中尤为重要。

Practical Guidance for Architectural Design and Planning

Special Topic on "Rural Revitalization"

第六章

回访篇

一、 回访的类型

回访作为建筑设计过程中的重要环节，是设计自我检验与优化的关键步骤，尤其在乡村振兴项目中，它扮演着连接设计与实际、理论与实践的桥梁角色。回访不仅有助于提升项目质量，还能深化对乡村需求的理解，促进可持续发展。回访根据目的和频率，主要分为以下三种类型。

（1）研究型回访：一般建议每几个月进行一次。主要目的是通过全生命周期的记录，积累详尽的数据和资料，为科学研究及后续项目提供参考。主要涉及收集建筑使用数据、监测环境影响、记录村民行为模式变化等。

（2）设计型回访：建议每学期至少一次。可以结合现场教学，带领设计课程师生对已完成项目进行再设计或改良，在实践中锻炼解决实际问题的能力。

（3）建设型回访：可以根据需要灵活安排。通过实地考察，与地方政府、村民讨论新项目需求，评估合作潜力，规划未来发展方向，探索与地方进一步合作的可能性，推动乡村振兴的深入实施。

二、 回访的意义

回访活动在乡村振兴建筑设计规划中具有重要意义，主要体现在以下几个方面。

（1）评估设计效果：通过实地回访，可以评估建筑设计方案在实际环境中的效果，包括建筑的功能性、实用性、美观性以及与周边环境的协调性等。

（2）了解实际需求：通过与村民的交流和观察，可以了解他们对建筑的实际需求和反馈，从而在未来的设计中进行改进。

（3）发现问题：在回访过程中，及时发现并纠正设计、施工或使用中的问题，如实用性不足、安全隐患、可持续性挑战等。

（4）促进交流：通过回访，加深师生与村民之间的联系，促进文化交流与理解，为设计融入更多地方特色和文化元素。

三、回访的内容

回访落地建筑时，师生可以关注以下内容，并针对每一点进行深入展开。

（1）评估建筑的功能性。

使用状况：观察建筑是否被合理使用，是否满足了原始的设计意图。

空间布局：评估内部空间布局是否满足村民的实际生活和工作需求。

（2）了解建筑的实用性。

维护与保养：询问村民对建筑的维护和保养情况，了解其是否容易维护。

耐用性：实地考察建筑的结构和材料是否经得起时间的考验。

（3）评估建筑的美观性。

外观设计：从审美角度评估建筑的外观是否与乡村环境相协调。

色彩与材料：考察建筑的色彩和材料选择是否得当，能否与周边环境融合。

（4）调查建筑的安全性。

结构安全：评估建筑的结构是否稳固，是否存在安全隐患。

消防安全：检查建筑是否配备了必要的消防设施和逃生通道。

（5）评估建筑的可持续性。

环保材料：了解建筑是否使用了环保和可持续性的建筑材料。

能源消耗：询问建筑的能源消耗情况，如水电消耗等，提出节能减排建议。

（6）与村民交流。

收集反馈：向村民收集关于建筑的意见和建议，了解他们对建筑的满意度。

文化交流：与村民深入交流，了解他们的生活方式和文化，促进文化交融。

（7）记录与总结。

详细记录：对建筑的状态、村民的反馈等进行详细记录。

问题总结：总结在回访中发现的问题，为未来的设计提供经验和教训。

每次回访后，师生团队需要系统整理分析收集到的信息，制定有针对性的改进措施，确保乡村振兴项目能够持续优化，更好地服务于乡村发展与村民福祉。（图6-1）

图6-1 项目回访

Practical Guidance for Architectural Design and Planning

Special Topic on "Rural Revitalization"

第七章

绿色建筑设计专项

专项篇

Special Topic

Green Building Design

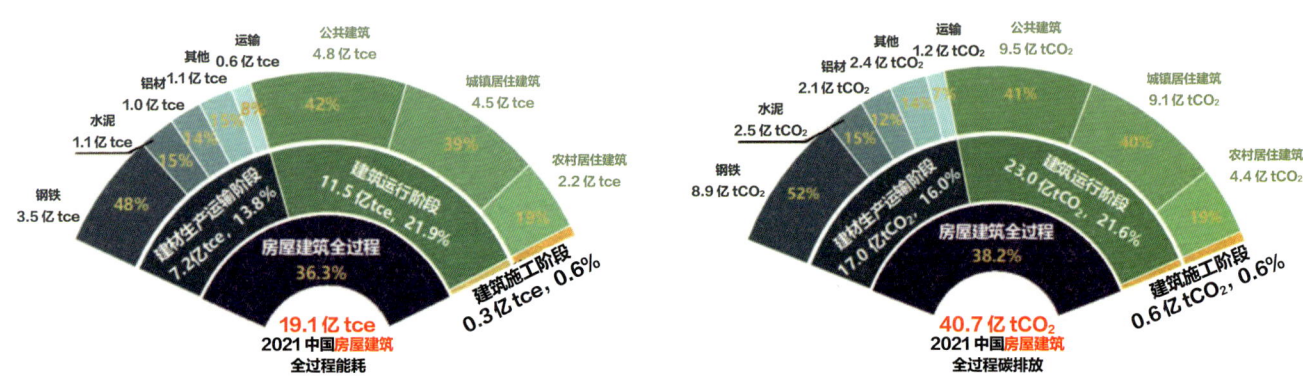

图 7-1　2021 年中国房屋建筑全过程能耗与碳排放数据

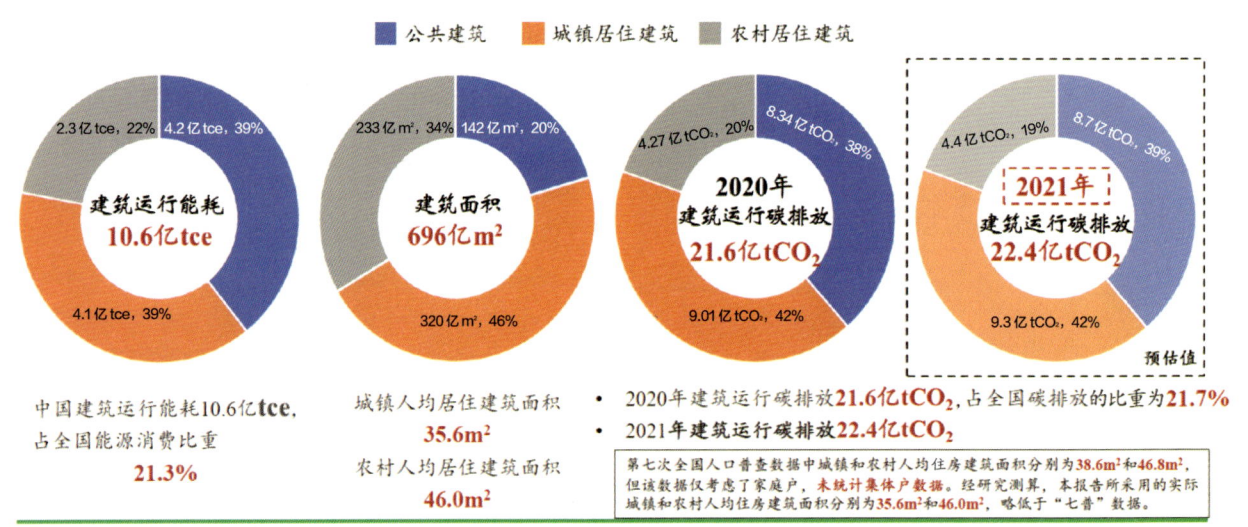

中国建筑节能协会建筑能耗与碳排放数据专业委员会

图 7-2　2020 年和 2021 年全国建筑运行碳排放数据

一、"双碳"目标大背景

随着全球气候变化导致的极端天气事件频发，减少温室气体排放尤其是二氧化碳排放，已成为国际社会的紧迫任务。中国作为全球最大的发展中国家和碳排放国，积极响应全球气候治理号召。在 2020 年 9 月第七十五届联合国大会上，习近平总书记宣布中国二氧化碳排放力争于 2030 年前达到峰值，努力争取 2060 年前实现碳中和——标志着中国的"双碳"时代正式到来。

建筑业是能耗大户，是实现"双碳"目标的主战场之一。根据《中国建筑能耗与碳排放研究报告（2023年）》，2021 年全国房屋建筑全过程碳排放总量为 40.7 亿 tCO_2，占全国能耗相关碳排放的比重为 38.2%。其中，建材生产运输阶段碳排放 17.0 亿 tCO_2，占全国能源相关碳排放的比重为 16.0%，占全过程碳排放的比重为 41.8%；建筑施工阶段碳排放 0.6 亿 tCO_2，占全国能源相关碳排放的比重为 0.6%，占全过程碳排放的比重为 1.6%；建筑运行阶段碳排放 23.0 亿 tCO_2，占全国能源相关碳排放的比重为 21.6%，占全过程碳排放的比重为 56.6%（图 7-1）。通过在建筑设计过程中，倡导"绿色设计"，可以有效减少能耗，降低碳排放量，为实现 2030 年前二氧化碳排放达到峰值、2060 年前实现碳中和提供保障。

绿色建筑设计是一种以环保、节能、可持续发展为目标的设计理念，旨在降低建筑对环境的影响，提高建筑的生态效益。它的核心在于通过绿色设计、施工和运营的全过程管理，最大限度地减少建筑活动对自然资源的消耗，减少环境污染，并提高建筑全生命周期内的能源效率和舒适度。20 世纪 70 年代的节能建筑是绿色建筑技术的萌芽阶段，主要是为了响应能源危机和环境保护的需求，通过改进建筑的设计和材料使用来提高能效，减少能源消耗。随着时间的推移，人们对于环境保护的意识逐渐增强，绿色建筑技术也因此得到了进一步的发展和普及。进入 21 世纪，随着技术的进步和环保法规的加强，绿色建筑技术开始从单纯的节能型向综合型的可持续发展转变。绿色建筑技术的应用范围也从最初的商业和工业建筑扩展到了住宅、教育、医疗等多个领域，甚至包括了城市规划和乡村建设。

乡村建筑是农村人居环境的重要组成部分。根据《2022 中国城乡建设领域碳排放系列研究报告》，截至 2020 年，在我国已经建成的建筑面积中，农村居住建筑面积占比为 34%，达到了 233 亿 m^2。农村居住建筑运行碳排放总计 4.27 亿 tCO_2，占全国建筑运行碳排放的比重为 20%（图 7-2）。随着农村建筑面积的逐渐增大，农村居住建筑的能耗问题也变得日益突出。详细的规章制度缺失以及农村地区建筑节能意识淡薄，农村自建楼房节能效果差，造成了巨大的能源浪费。农村居住建筑的绿色设计对于降低能源消耗、减少碳排放、改善居住环境、提升农民生活质量、促进乡村经济发展具有重要意义。

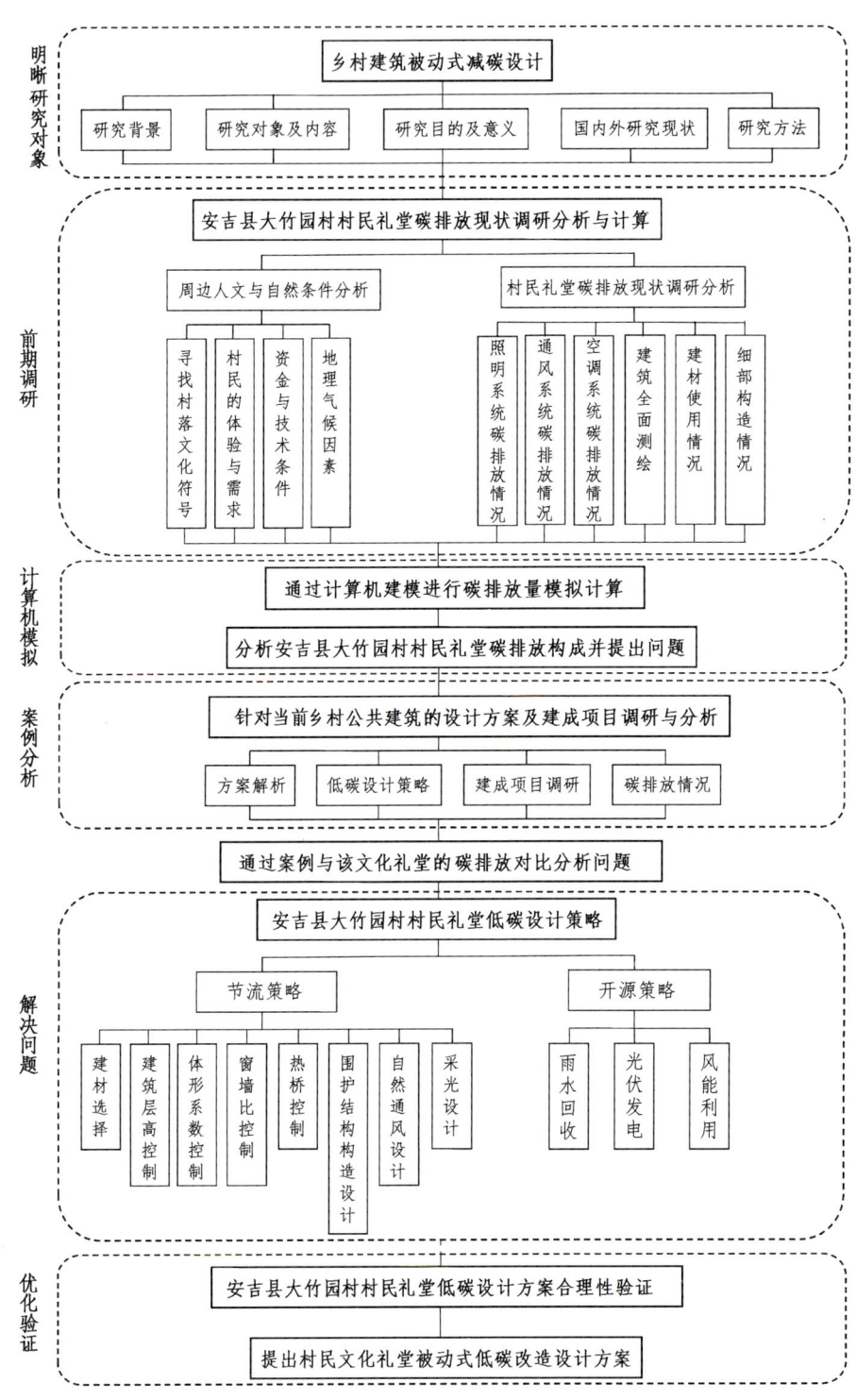

图 7-3 研究型设计技术路线案例

二、乡村绿色建筑设计特点

乡村绿色建筑的设计原则一般为生态优先、因地制宜、功能实用。其设计流程与城镇绿色建筑设计流程相似，但是在材料选择、空间布局、功能特点等方面存在一定差异。总的来说，乡村绿色建筑更注重与自然环境的和谐共生和地方特色的融入，而城镇绿色建筑则更强调高效节能、环保健康和综合效益的实现。

（1）材料选择方面：乡村绿色建筑更倾向于就地取材，使用当地易得、环保、可回收的自然材料，如竹材、石材、废旧物料等，这些材料不仅成本低廉，而且与乡村环境相协调。城镇绿色建筑则更多采用工业化生产的环保材料，如高性能保温材料、低辐射玻璃、预制装配式建材等，以满足更高的节能和环保要求。

（2）空间布局方面：乡村绿色建筑空间布局往往更加开放和灵活，注重与周围自然环境的融合，如庭院设计、露台设计等。而城镇绿色建筑则更加紧凑和高效，以适应城市用地紧张的现状，同时注重室内空间的合理划分和利用。

（3）功能特点方面：乡村绿色建筑的功能设计更注重实用性，主要满足乡村居民的基本生活需求，如居住、农业生产等。近年来，随着民宿经济的火热，很多村落会要求进行民宿设计与空间商业活化。而城镇绿色建筑的功能设计则更加多样化和综合化，除了居住功能，还包括办公、商业、文化娱乐等多种用途。

绿色乡村营造实践中，考虑到绿色建筑技术在整体教学过程中涉及的深度较浅，推荐以研究性设计为主的方式推进项目，从而加强学生的能力培养。由于目前我国建筑学教学体系以及师资背景的差异，在教学过程中，通常存在设计与技术相分离的问题。简单来说就是教设计的老师通常不太懂技术，懂技术的老师通常弱设计。因此在乡村绿色建筑设计中，有必要组建设计与技术均衡的导师团队，同时多尝试以"半研究、半设计"的方式进行实践（图7-3）。

三、低碳乡村营造措施

浙江省属于夏热冬冷地区，尽管乡村振兴战略的实施推进较各省走在前列，但在低碳乡村建筑营造方面仍存在一些问题，主要表现在：①农村人居环境质量不高，建筑热环境舒适度低；②农民生活方式看齐城市，乡村高碳消费行为蔓延；③保温隔热不到位，农村住宅多为高耗能建筑。因此，有必要推广绿色设计理念，优化居住环境，降低能源消耗。

对于乡村建筑的低碳营造来说，需要解决的主要问题一般为热工与采光。除了村民文化礼堂、音乐公寓、多功能厅等对声环境有特殊要求的建筑，一般不专门考虑声环境的优化。本书后面提到的措施主要针对夏热冬冷地区，对于其他热工分区的具体措施需要根据当地特点进行调整。

（一）热环境优化措施

1. 建筑外观与节能设计

（1）根据当地气候特点，选择适宜的建筑材料和颜色。优先选用低导热系数的建筑材料，以减少建筑外围护结构的热损失。在日照强烈的地区，采用浅色墙面反射太阳辐射热；在寒冷地区，则可选择深色屋顶吸收热量用于冬季保温。

（2）采用被动式太阳能设计。建筑应尽量朝南布置，以最大化利用冬季太阳辐射热。同时，通过合理设计建筑布局，如设置阳光间、集热墙等，提高太阳能利用效率。在夏季，通过遮阳设施减少太阳直射，降低室内温度；同时利用建筑开口和通风道促进自然通风，排出室内余热。

2. 内部空间布局与隔热

（1）合理规划室内空间布局，减少不必要的热量损失区域。根据居民生活习惯和建筑功能需求，合理划分居住空间、生产空间等区域。将常用房间布置在采光和通风条件较好的位置，如南向；而将辅助用房如储藏室、卫生间等布置在北向或东西向，以减少能耗。在建筑入口处设置过渡空间，如门厅、廊道等，形成温度阻尼区，有效阻止室外冷空气直接侵入室内，减少热损失。

（2）优化建筑隔热性能。结合当地建材，使用高性能隔热材料增强墙体、屋顶和地板的隔热性能。同时，考虑采用绿色屋顶技术，进一步降低屋顶温度。选用节能门窗，如双层或三层中空玻璃窗、Low-E 玻璃等，提高门窗的隔热性能。同时加强门窗的密封性处理，减少热桥效应。

（3）在关键位置开窗，设置通风孔或风道，促进自然通风，降低室内温度。

3. 可再生能源利用

（1）充分利用太阳能。在屋顶安装太阳能集热器，利用太阳能加热生活用水，减少电加热或燃气加热的能耗。结合当地电网条件，安装太阳能光伏板，将太阳能转化为电能供建筑使用或并网发电。

（2）发挥地热优势。在地质条件适宜的地区，可采用地源热泵系统进行供暖或制冷。该系统利用地下土壤或水体的恒定温度资源，通过热泵技术实现能量的转移和利用，具有高效节能、环保可持续等优点。

（3）有选择地使用生物质能。利用农作物秸秆、畜禽粪便等有机废弃物生产沼气，作为建筑炊事、采暖等能源来源。

（4）根据当地条件，适当引入雨水回收、风能、潮汐能等其他可再生能源解决方案。

（二）光环境优化措施

1. 自然采光设计

（1）建筑朝向与布局优化。合理选择建筑朝向，优先考虑南向布局，以最大限度地利用冬季阳光，同时避免夏季强烈的太阳直射。在建筑布局中，通过合理设置庭院、天井等空间，引导自然光线深入建筑内部，提高室内采光照度。

（2）窗户设计与优化。增加窗户面积，特别是南向窗户，以引入更多自然光线。同时，注意窗户的开启方式（如平开、推拉等）和遮阳设计，确保通风与采光的平衡。采用高透光率的玻璃材料，如低辐射玻璃（Low-E玻璃），以减少热损失并保持室内光线充足。根据房间功能需求和使用时间，合理设置窗户的位置和大小，确保室内光线分布均匀。必要时，通过天窗加强室内采光。

（3）室内反射与扩散处理。通过墙面、天花板和地面等处的材料选择与处理，如使用浅色或高反射率的材料，使自然光更好地传播到整个室内空间中。利用镜面、导光板等光学元件，将自然光线引导至室内光线较暗的区域。

（4）遮阳与遮光设计。在夏季阳光强烈时，通过外遮阳、百叶窗、遮阳篷等遮阳设施，减少太阳直射光进入室内，避免室内温度过高和眩光现象。

2. 高效照明系统

（1）选用高效能光源。室内照明采用LED灯等高效节能光源，减少能耗。

（2）合理设置照明区域。根据建筑内部的功能需求和使用时间，合理划分照明区域。合理布置照明设备，确保照明效果均匀且满足使用需求。避免过度照明造成的能源浪费，并通过调整灯具的照射角度和方向，减少眩光和阴影现象。

（3）智能化控制。采用智能化控制系统，如光感应控制、人体感应控制等，实现照明的自动调节和定时开关。当环境光线足够或室内无人时，自动关闭或降低照明亮度，以节约能源。

（三）声环境优化措施

1. 建筑隔声设计

（1）合理规划建筑布局，利用树木、围墙、立体绿化等自然和人工屏障减少噪声传播。

（2）在关键位置（如靠近道路或嘈杂区域的房间）采用双层或多层玻璃窗、隔声门等，增强隔声效果。

（3）在屋顶和墙体中加入隔声材料，如矿棉板、吸音泡沫等，提升整体隔声性能。

2. 室内音质设计

（1）根据房间功能，确定相应声学指标，并通过ODEON、EASE、INSUL等声学软件进行模拟。

（2）结合模拟结果，合理配置室内绿植、软装及吸声、扩散材料。

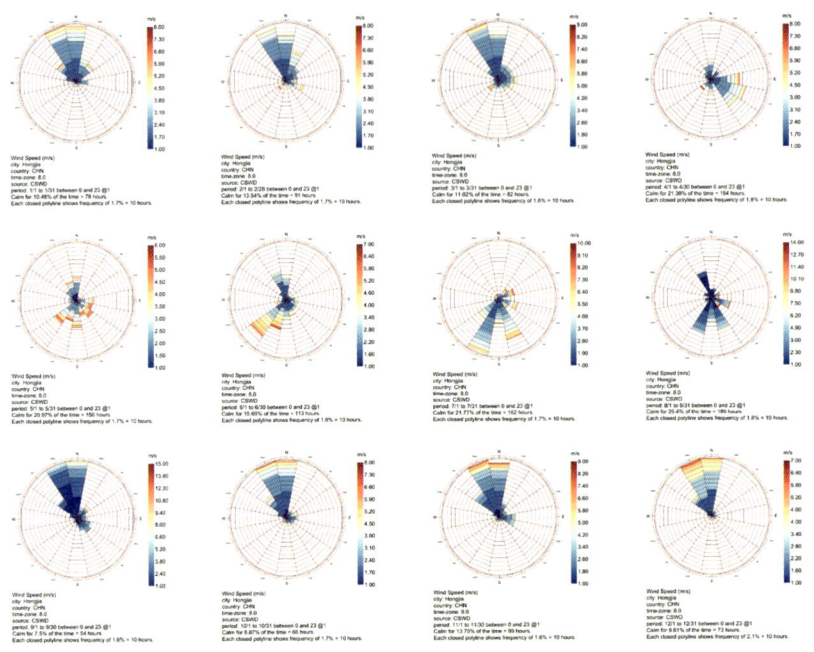

图 7-4 全年风玫瑰图示例

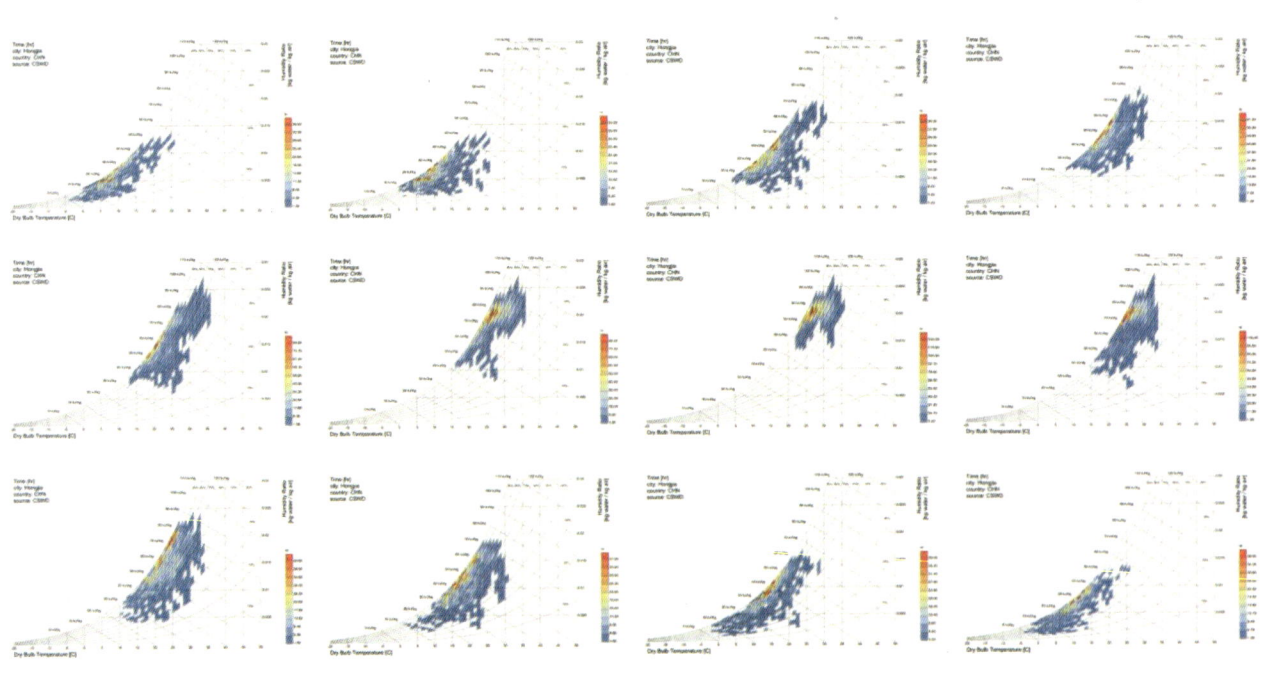

图 7-5 全年焓湿图示例

四、绿色建筑分析图

绿色建筑设计专项通常先分析当地气候特点，然后结合场地物理环境现状，分析其优缺点，最后提出改造策略，并通过具体的绿色建筑技术措施予以实现。相较于传统设计需要根据设计概念制定设计思路，绿色建筑设计有一条清晰的逻辑主线——在保证舒适度的前提下，尽可能减小能耗。设计过程中，需要结合绿建斯维尔、EnergyPlus、Grasshopper、Ecotect 等绿建分析软件针对各项措施进行仿真模拟，以确定最佳方案。传统设计中一般会涉及区位、人群、交通、文脉、功能等分析，主要以定性结合部分定量的方式开展。绿色建筑模拟技术提供了大量可量化的分析手段，包括但不限于气候、可再生能源、风环境、光环境、热环境、声环境、碳排放等，可以有效优化设计。以下是一些常见的绿色建筑分析图示例，可以供同学们参考。特别需要注意的是，分析图的出具必须附上相应的结论说明，并与后续绿色建筑设计的各项措施相呼应（图 7-4 ～图 7-17）。

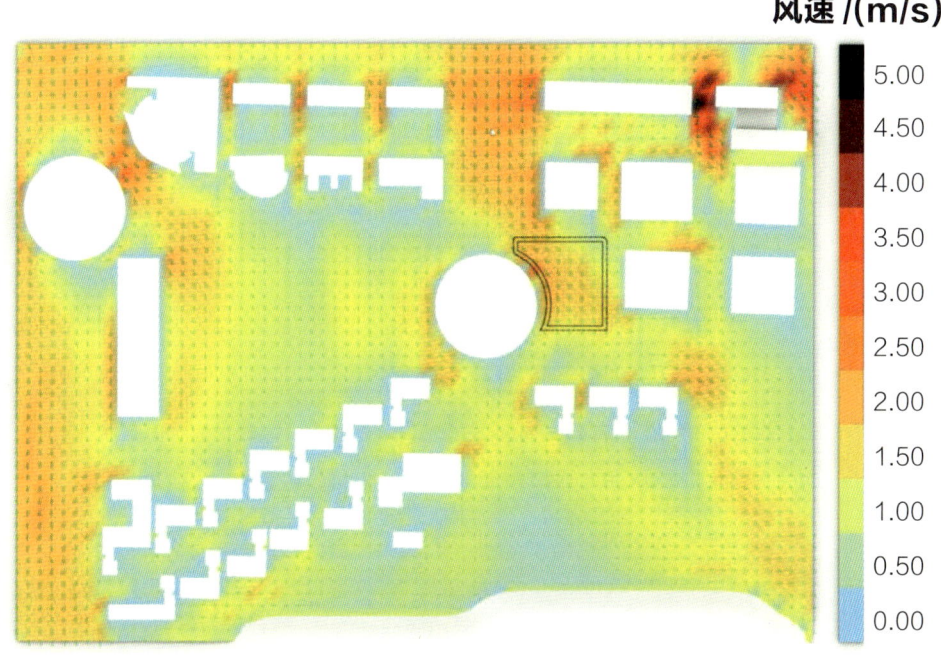

风速 /(m/s)

图 7-6　冬季室外风环境模拟示例

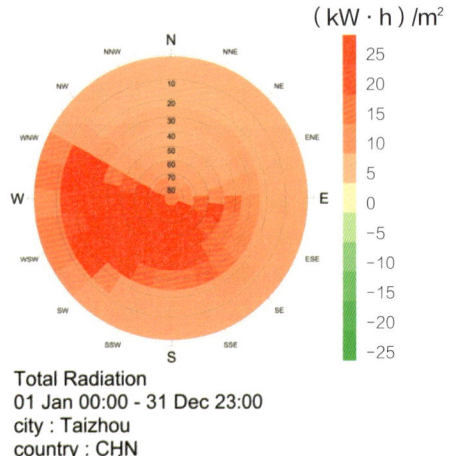

Total Radiation
01 Jan 00:00 - 31 Dec 23:00
city : Taizhou
country : CHN
source : CSWD

图 7-7　全年天空辐射量示例

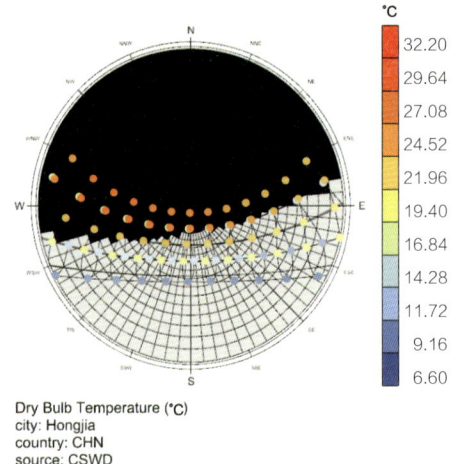

Dry Bulb Temperature (°C)
city: Hongjia
country: CHN
source: CSWD

图 7-8　日照自遮阳分析示例

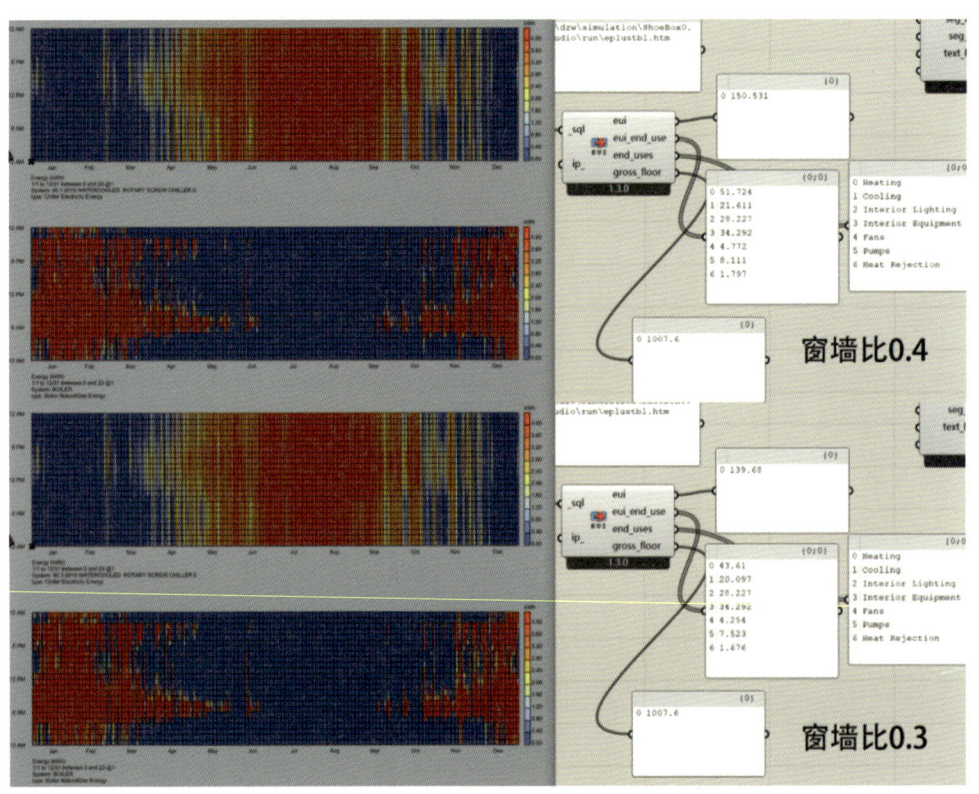

图 7-9　不同窗墙比能耗测算示例

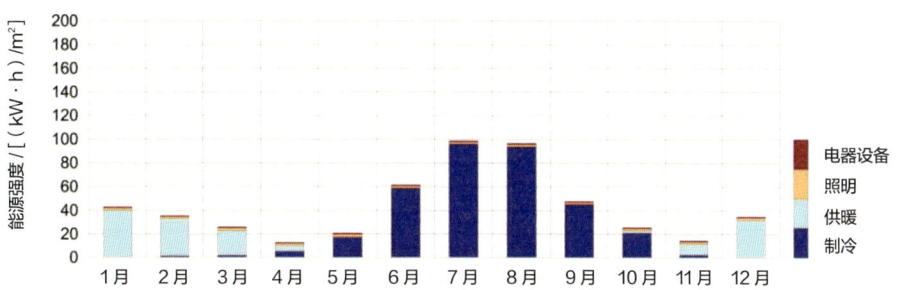

图 7-10　热负荷图示例

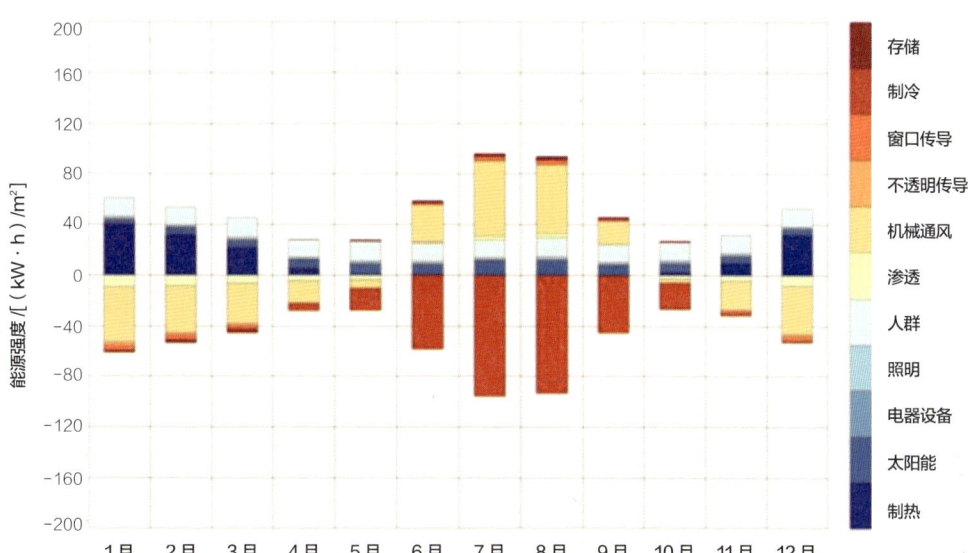

图 7-11　热平衡图示例

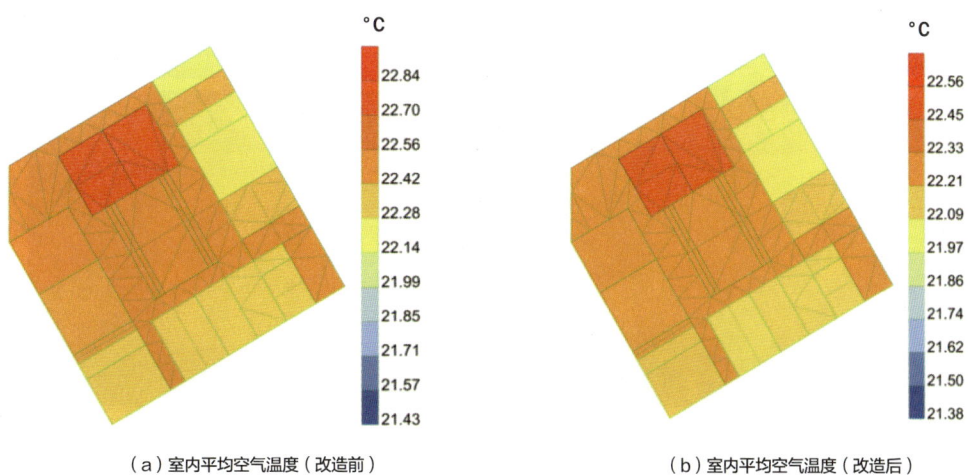

（a）室内平均空气温度（改造前）　　　　　　　　（b）室内平均空气温度（改造后）

图 7-12　改造前后室内平均空气温度对比图示例

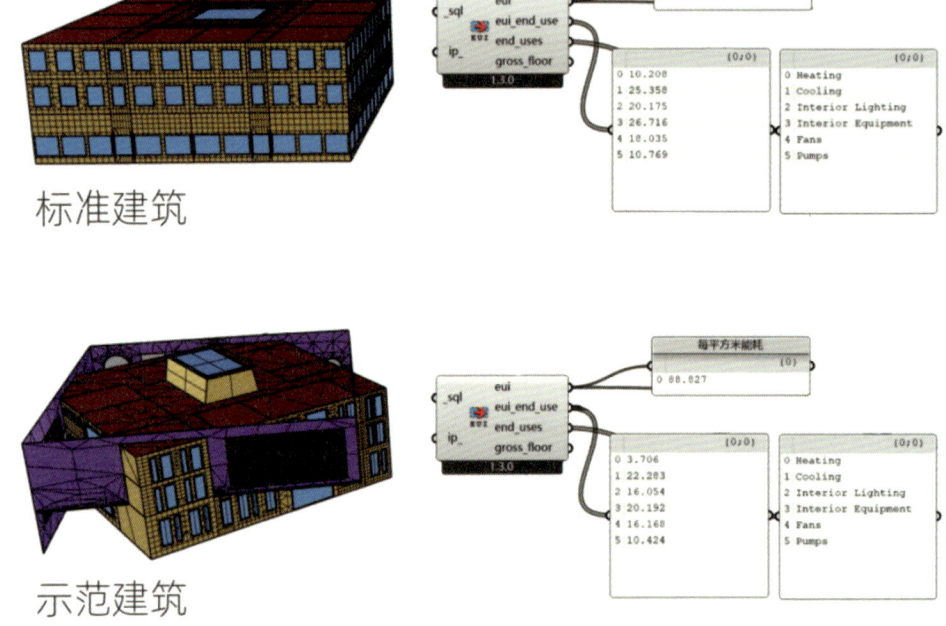

图 7-13 节能计算示例

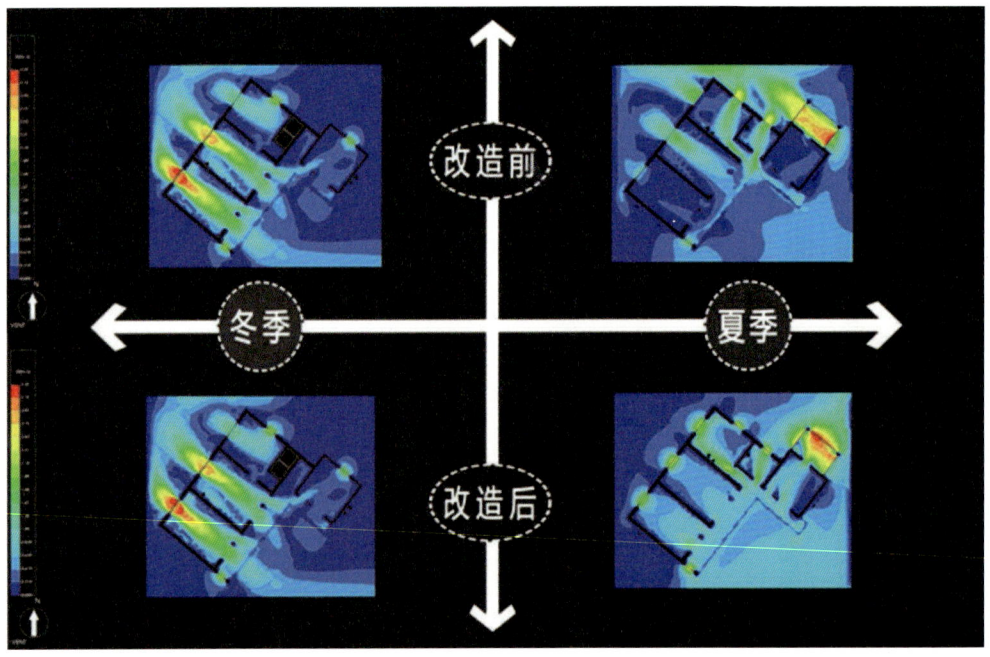

图 7-14 农宅自然通风改造前后对比云图示例

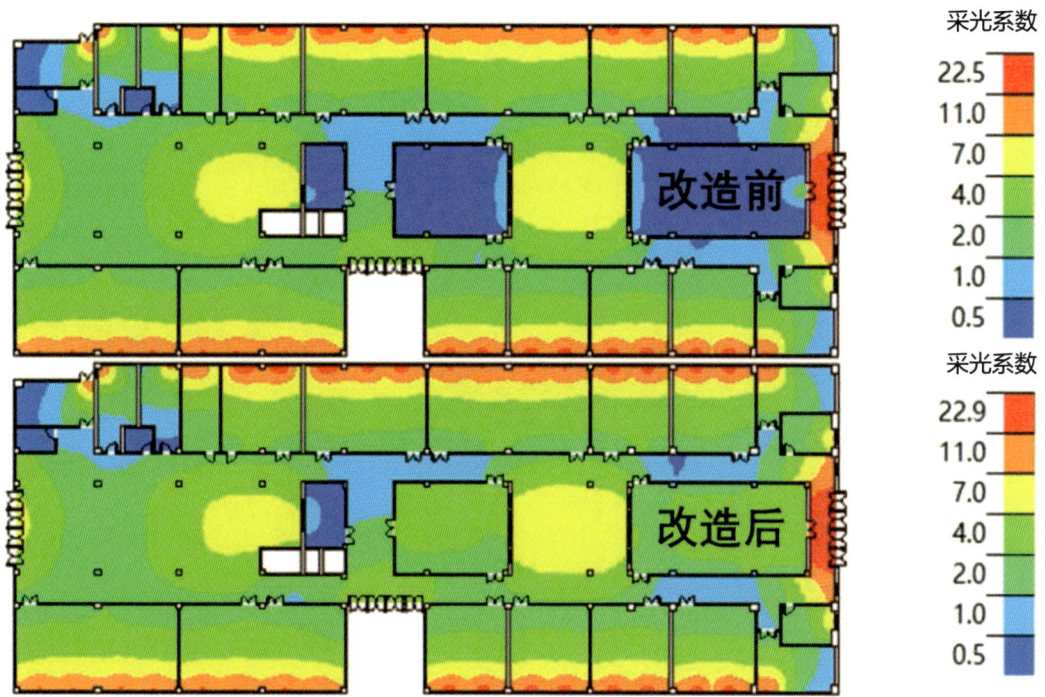

采光系数

22.5
11.0
7.0
4.0
2.0
1.0
0.5

改造前

采光系数

22.9
11.0
7.0
4.0
2.0
1.0
0.5

改造后

图 7-15　综合楼改造前后对比云图示例

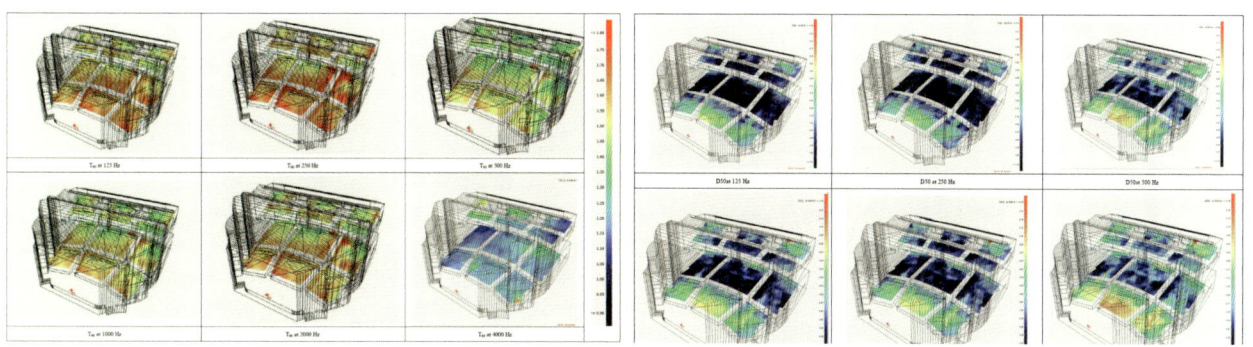

图 7-16　剧场观众厅混响时间分析云图示例　　　　图 7-17　剧场观众厅语言清晰度指数分析云图示例

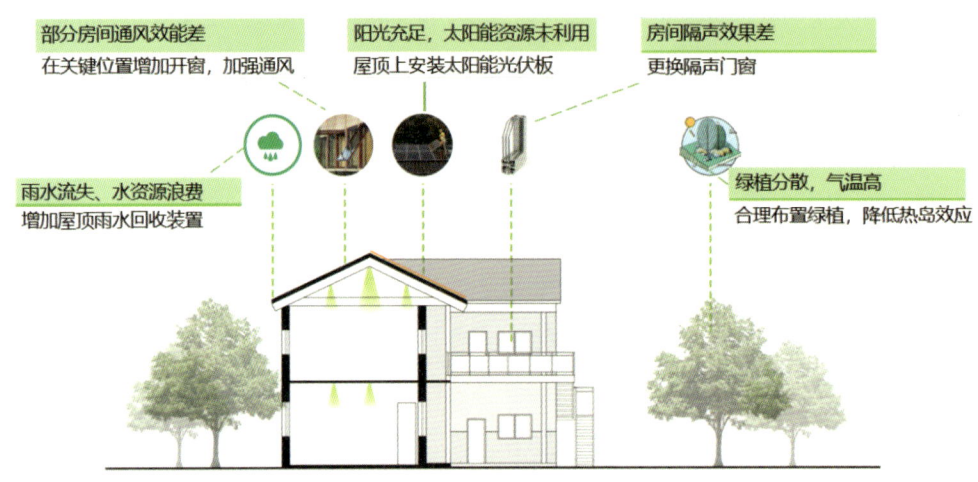

图 7-18 "山麓 · 交响公寓——'低碳'背景下的空置农房改造"项目中的措施汇总 1

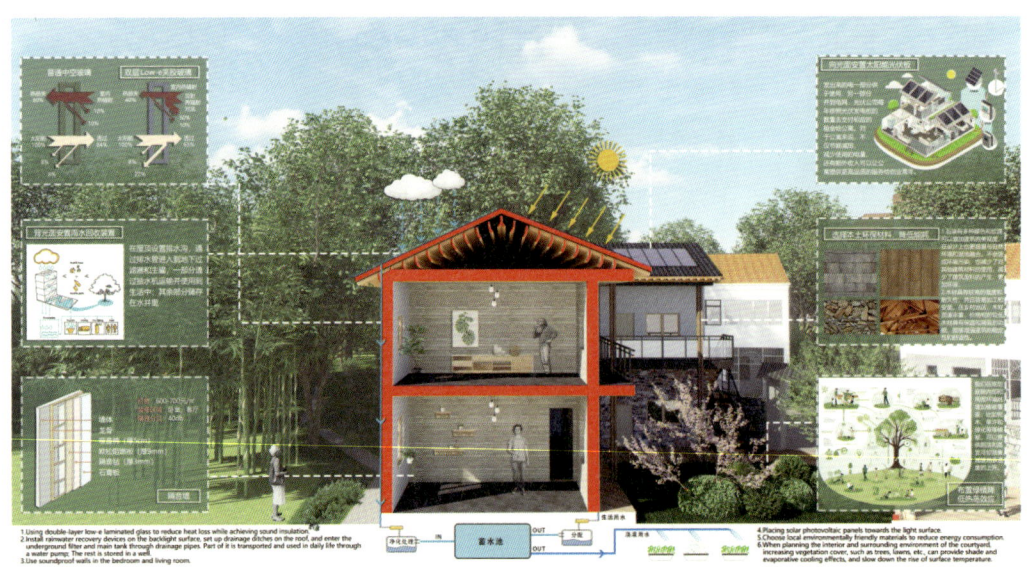

图 7-19 "山麓 · 交响公寓——'低碳'背景下的空置农房改造"项目中的措施汇总 2

五、 低碳技术示意图

在措施制定方面，倡导"被动优先，主动优化"，即在建筑设计中优先考虑利用自然条件和建筑本身的特性来减少能源消耗，在此基础上通过主动式的节能技术与设备进一步提高能源利用效率。由于建筑学专业特点，同学们对于绿色建筑设计（特别是主动式技术）不需要达到暖通等专业的设计深度，通常达到可以确定基本的设计策略、提出具体措施，并通过示意图的方式表达即可（图7-18～图7-30）。如果有继续深化的需求，可以寻求其他专业以及市面上的方案供应商合作。

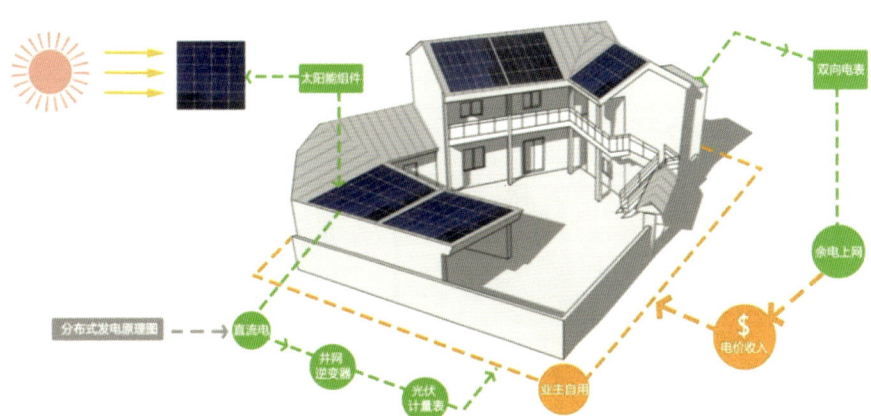

将朝向东边的屋顶上都安装**光伏发电板**，发出来的电一部分供日常使用，另一部分并到电网，光伏公司每年按照光伏发电板的数量去支付相应的租金给公寓。对于公寓来说，不仅**节能减排**，减少使用的电量，还有**额外收入**可以让公寓提供更高品质的服务给创业青年。

图 7-20 "山麓·交响公寓——'低碳'背景下的空置农房改造"项目中的光伏发电系统

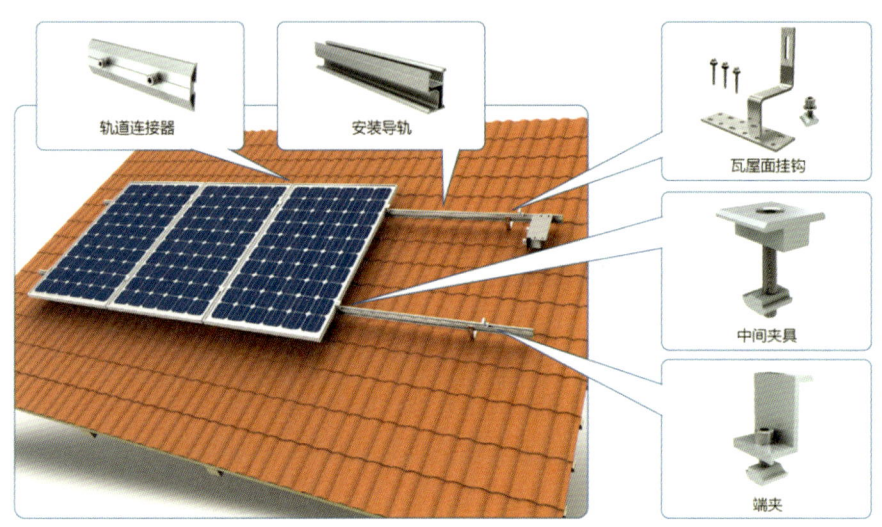

图 7-21 "山麓·交响公寓——'低碳'背景下的空置农房改造"项目中的太阳能光伏发电板

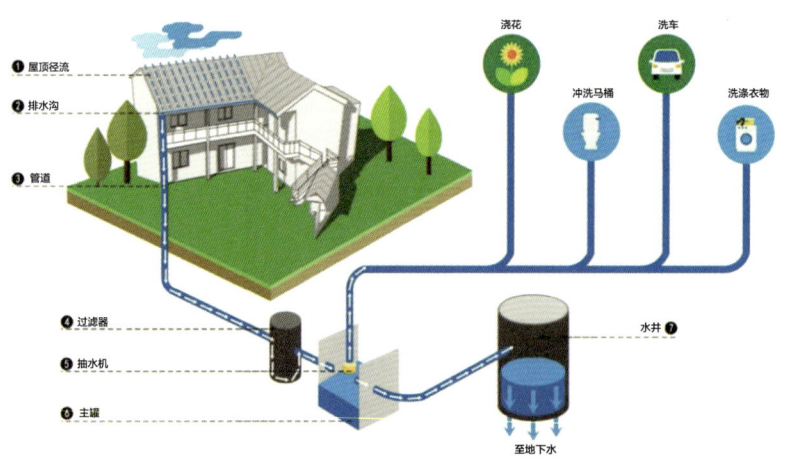

在屋顶设置排水沟,雨水通过排水管进入地下过滤器和主罐,一部分通过抽水机运输并在生活中使用;其余部分储存在水井里

图 7-22 "山麓·交响公寓——'低碳'背景下的空置农房改造"项目中的雨水回收系统

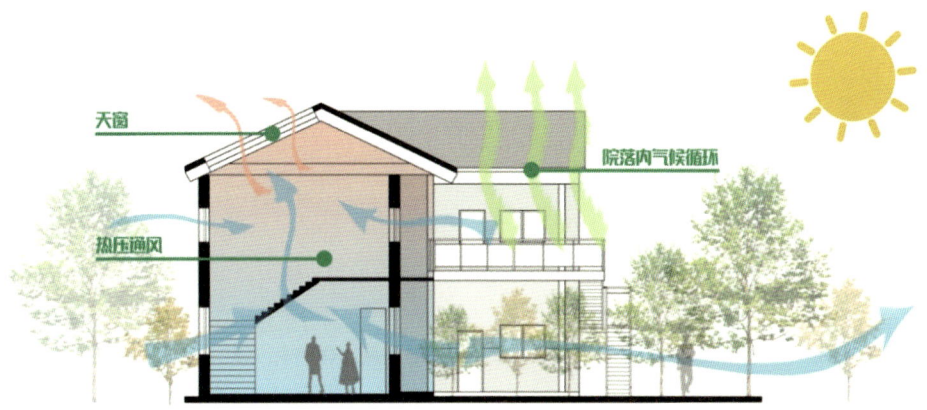

图 7-23 "山麓·交响公寓——'低碳'背景下的空置农房改造"项目中的通风设置

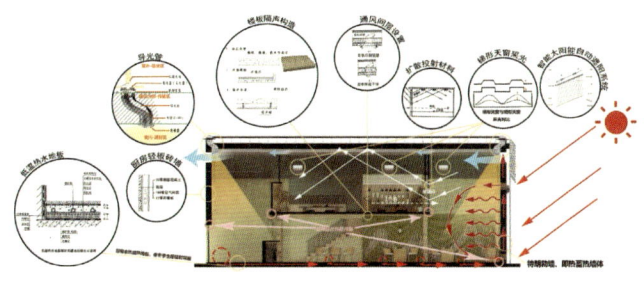

南北向剖面

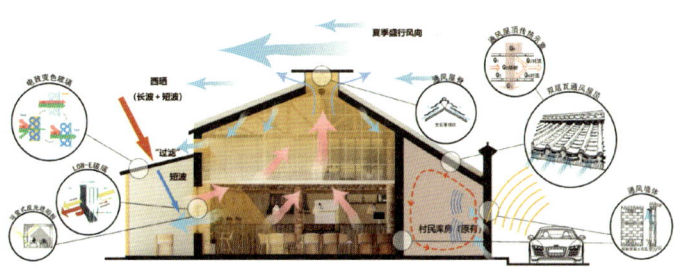

东西向剖面

图 7-24 "绿由竹园起，香从灵峰来"项目中的措施汇总

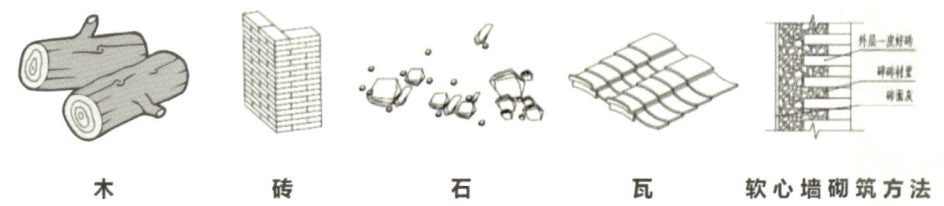

木　　　　砖　　　　石　　　　瓦　　　软心墙砌筑方法

/ 选用废弃的木、砖、石、瓦等，在外层砌一皮
好砖，用碎料衬里，水泥砂浆灌注成为一体 /

天台徐氏聚松楼项目改造

图 7-25 "旧隅新生——基于绿色改造的乡村传统民居活化"项目中的软心墙

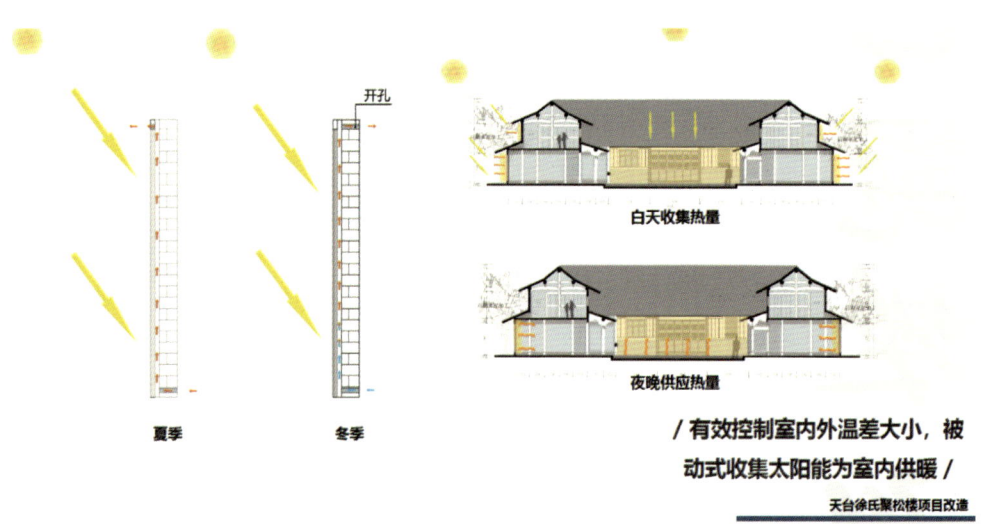

/ 有效控制室内外温差大小，被
动式收集太阳能为室内供暖 /

天台徐氏聚松楼项目改造

图 7-26 "旧隅新生——基于绿色改造的乡村传统民居活化"项目中的特朗勃墙

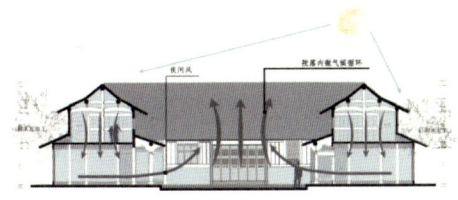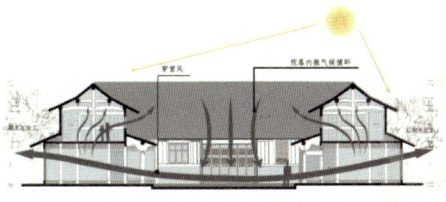

/ 结合庭院土壤及周边林木热作性的不同，利用热压形成大气环流进行室内微气候的改善 /

天台徐氏聚松楼项目改造

图 7-27 "旧隅新生——基于绿色改造的乡村传统民居活化"项目中的通风设置

雨水收集

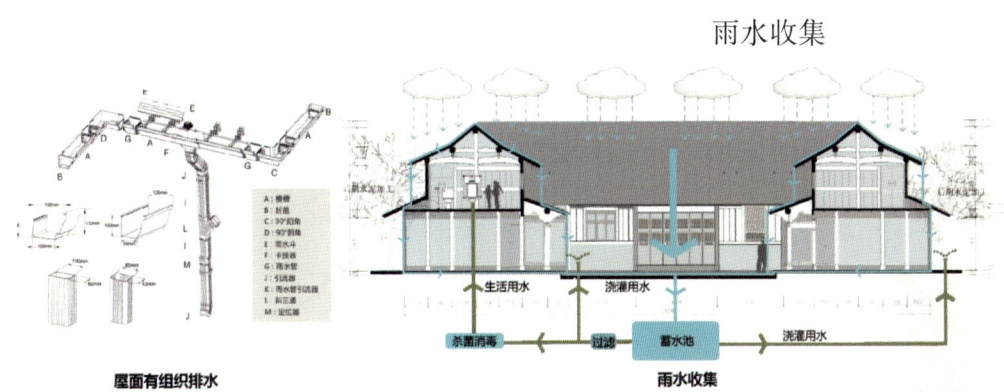

/ 屋顶采用有组织排水，庭院中采用透水铺装、生态树池、碎石子铺地等，通过雨水回收装置收集雨水并进行过滤杀菌 /

天台徐氏聚松楼项目改造

图 7-28 "旧隅新生——基于绿色改造的乡村传统民居活化"项目中的雨水回收系统

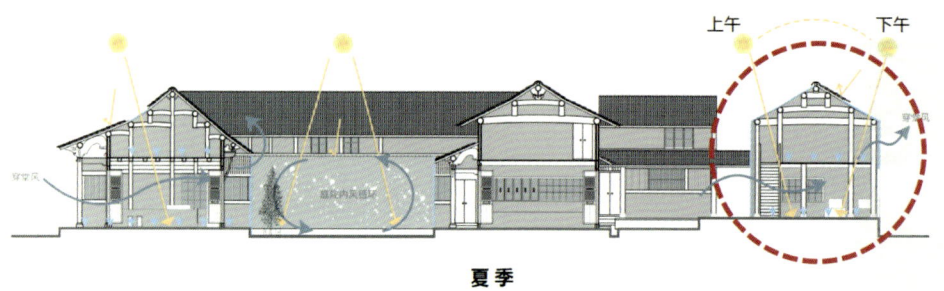

上午　　下午

夏季

/ 夏季通过窗户开合实现室内外通风 /

天台徐氏聚松楼项目改造

图 7-29 "旧隅新生——基于绿色改造的乡村传统民居活化"项目中的阳光房（夏季）

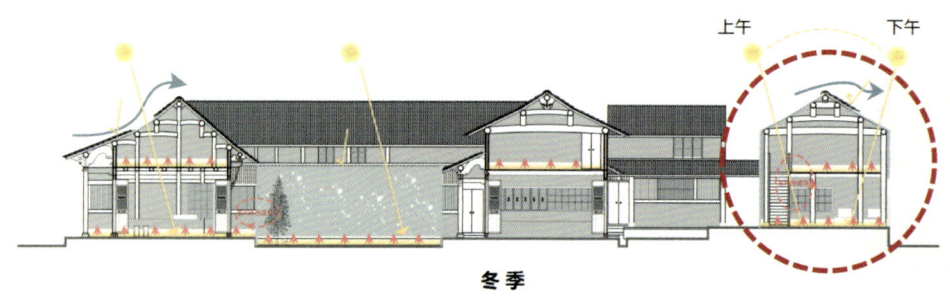

上午　　下午

冬季

/ 冬季形成温室，实现室内热循环 /

天台徐氏聚松楼项目改造

图 7-30 "旧隅新生——基于绿色改造的乡村传统民居活化"项目中的阳光房（冬季）

Practical Guidance for Architectural Design and Planning

Special Topic on "Rural Revitalization"

第八章

专项篇

AI 辅助设计专项

Special Topic

AI-assisted Design

表 8-1 生成式人工智能技术应用领域

时间	2020 年以前	2020 年	2022 年	2023 年	2025 年	2030 年
文字	垃圾邮件检测;翻译;基本问答 a	基本文案撰写;初稿 b	形式更长;草稿深化 b	垂直领域的细调取得更好的效果（科研论文等）c	终稿的质量高于人类平均水平 c	终稿的质量高于专业作者水平 c
编程	单行自动完成 a	多行生成 b	形式更长;准确率更高 b	适配更多计算机语言;适用更多垂直领域 c	文本生成（软件）产品 c	文本生成终版（软件）产品，质量高于全职的开发者水平 c
图像	—	—	艺术、标识、照片 b	初稿(产品设计、建筑设计等)b	终稿(产品设计、建筑设计等)c	终稿的质量高于专业艺术家、设计师、摄影师水平 c
三维模型、视频及其他	—	—	三维模型、视频生成的初步尝试 b	三维模型、视频的初稿 b	草稿深化 b	游戏的智能开发平台;个性化的视频游戏和电影 c

注: 大模型可行程度 (a 为初步尝试; b 为实现将至; c 为迎来巅峰)。

一、AIGC 大背景

近年来，随着生成式人工智能（generative artificial intelligence，GAI）相关底层技术的突破，人类社会正面临着一个新的技术拐点。随着算力的指数级增长，基于扩散模型的图像生成模型、可理解上下文的语言对话模型与多模态模型等在近几年获得了巨大发展，已经对视觉、绘画、语言、口语等相关领域形成了巨大冲击。目前，生成式人工智能技术正在快速向更高维度的数据格式拓展，如视频等，甚至是多维模型，如建筑信息模型。而在应用领域方面，该技术也被预测将可直接应用到需要更复杂的感知、创造和判断能力的工作场景中，如能实现文案和设计的最终稿、游戏平台的智能开发等（表8-1）。因此，"人工智能"这一原来被视为与创作、设计人员仍具有一定距离的词语，如今开始渗透这些群体，建筑设计也不例外。乡村建筑作为乡村产业、文化、活动等的载体，其实用、观赏、维护等方面需要持续改善和提升。将AI辅助建筑设计技术应用于乡村建筑设计，符合我国当下乡村建设所需要的低成本、高效率、多元化、批量化的集成思路，成为一种新兴的发展趋势。

二、AI 辅助设计工作流

目前来说，AI 工具已被广泛应用于建筑设计的各个流程中。其中，基于大语言模型（large language model，LLM）的对话模型可以有效帮助建筑师处理文字方面的需求；基于扩散模型（diffusion model，DM）的图像生成模型可以帮助建筑师根据语言描述、参考案例、草图、体块模型等快速出具意向图与效果图。

在乡村建筑设计与改造中，AI 工具可以在设计的各个阶段提供不同程度的帮助，提高设计效率。

（1）前期调研阶段，需要完成包括对乡村地区的自然环境（如地形地貌、气候条件、水资源等）、人文历史（如文化传统、居民生活习惯）、社会经济状况等的全面调查与分析。可以借助大语言模型（DeepSeek、ChatGPT、文心一言、智谱清言、Kimi 等）帮助设计、修改、完善相关的调研框架，针对调研对象制定访谈问题、设计问卷并完成数据处理。

（2）设计与规划阶段，可以借助图像生成模型（Stable Diffusion、Midjourney、DALL-E 3、AIRI Lab、D5 等）快速出具各类意向图与效果图，便于设计师的灵感进发以及与甲方（村民、村干部等）的沟通。

（3）施工准备与建设阶段，AI 可以帮助起草预算、安排施工流程以及对标各类标准等。

（4）评估与反馈阶段，借助 AI 可以生成相关评估反馈表格并进行归纳总结。

对于某些需要进行产业、旅游、文创、导览、商业等规划设计的村落，各类 AI 工具也可以有效提供参考框架、搜索现实案例、总结文章文献，提高设计质量与效率。

三、AI 辅助设计的局限性

（一）文字生成式 AI

想象一下，如果我们能让计算机像人一样理解和生成语言，那么它就能帮助我们做很多事情，比如写文章、回答问题，甚至进行创意写作。大语言模型（LLM）正是实现这一目标的关键技术。它是一种通过大量文本数据训练而成的复杂神经网络，能够学习语言的结构、语法和语义信息，从而具备生成和理解自然语言的能力。在文字生成式 AI 中，大语言模型扮演着核心角色，它能够根据给定的上下文或提示，生成连贯、有逻辑的文本内容。

大语言模型的工作原理可以简单理解为"学习－预测"。在训练阶段，模型会接收海量的文本数据，通过多层神经网络结构，逐步学习词语间的关联、句子结构以及上下文逻辑。这个过程中，模型会不断调整内部参数，以最小化预测错误，即让生成的文本尽可能接近真实语料。在生成阶段，当输入一个起始文本或关键词时，模型会根据已学习的知识，逐步预测下一个最可能的词语，直到形成完整的句子或段落。

其核心在于利用深度学习技术，特别是 Transformer 架构（一种能有效处理序列数据的神经网络结构），捕捉语言的长期依赖关系，即理解句子中不同部分如何相互关联。通过自注意力机制，模型能够同时关注输入序列的所有位置，从而生成更加准确、流畅的文本。

对于建筑学专业来说，大语言模型在提高设计效率、增强设计创意等方面有着不错的应用前景，但同时也必须要时刻关注它的缺陷。

（1）数据偏见与歧视：大语言模型在训练过程中会学习训练数据中的偏见和歧视性内容，这可能导致生成的设计方案或建议存在偏见，不符合公平、公正的原则。如果训练数据主要来自特定文化或地区的设计案例，模型可能会生成带有该文化或地区特征的设计方案，而忽略其他文化的多样性。

（2）模型开发成本非常高：开发基于大语言模型的文字生成式 AI 需要高性能计算资源、大量标注数据和专业团队，成本高昂，中小企业或个人难以承担。大部分学生只能在开源通用模型的基础上，通过微调（fine tuning）技术，使该模型在专业领域有一定的适用性。

（3）高度依赖提问者的提问水平：模型的输出质量和准确性高度依赖于提问者的提问清晰度和准确性。如果提问模糊或不准确，模型可能无法生成满意的回答。目前，不少大模型在提问部分提供了 AI 自动优化功能，可以帮助提问者以更加结构化的方式提出问题。特别值得注意的是，在 AI 时代，问题的发现能力与精准的提问能力，将成为新的"竞争力"。

（4）上下文理解限制：大语言模型在理解复杂语境和上下文信息方面存在限制，可能导致生成的内容与前后文不一致或缺乏连贯性。目前，各大公司都在努力提高长文本的处理能力与精度，通过引入注意力机制、记忆网络等技术，增强模型对上下文信息的感知和理解能力。

（5）生成的内容存在"幻想"部分：大语言模型在生成文本时可能产生不符合实际或过于理想化的"幻想"部分，这在建筑学专业中尤为关键，因为设计需要基于实际可行性和安全性考虑。不过目前大部分大模型接入了联网与知识库功能，为模型生成的内容提供实际可行性和安全性的验证。

（6）垂直细分领域的可靠性：在需要高度专业化和精细化的建筑学设计中，由于行业壁垒的存在，高质量训练数据样本量较少，因此一次性生成的内容可靠性欠佳。对此，我们需要结合知识库，经过多轮对话，并加上人工的修改，才能得到较为可靠的内容。

（二）图像生成式AI

扩散模型的核心是通过逐步向数据中添加噪声（前向扩散过程），学习如何从噪声中恢复原始数据（反向扩散过程）。这一过程类似于墨水在水中扩散然后逐渐恢复的物理现象。在建筑学领域，基于扩散模型的图像生成式AI可被应用于多个方面，如建筑设计方案的快速生成、建筑外观与内部空间的渲染、建筑景观的模拟等。这些应用可以帮助建筑师和设计师更高效地探索和表达创意，减少传统设计方法中的重复劳动和时间成本，但也存在以下几方面的局限性。

（1）使用有一定技术门槛：尽管目前很多AI绘图工具已经大量简化使用流程，尽量让拥有非编程背景的人群可以较好使用。但还是鼓励学生去自学一些机器学习、深度学习以及图像处理的基础知识，便于更好地完成个性化任务。

（2）图像细节部分的质量问题：尽管扩散模型能够生成高质量的图像，但在处理建筑设计的细节部分（如纹理、材质、光影效果等）时，可能仍存在一定的不足。这些细节对于建筑设计的真实感和表现力至关重要。

（3）对于图像的精细调节问题：扩散模型生成的图像往往是基于大量数据学习得到的，因此在生成过程中缺乏直接的人为干预手段。对于需要精细调节的设计元素（如比例、尺寸、布局等），可能难以通过模型直接实现，需要后续的人工调整和优化。同时，对于部分需要微调的细部，需要结合一些辅助插件才能完成较为精准的调整，如在 Stable Diffusion 中使用 ControlNet。

（4）数据集偏差问题：扩散模型的性能很大程度上依赖于训练数据集的质量和多样性。如果训练数据集存在偏差（如只包含特定风格或类型的建筑设计），那么生成的图像也可能受到这种偏差的影响，导致设计风格的单一性和局限性。

（5）原创性问题：扩散模型生成的图像是基于已有数据的学习结果，因此在一定程度上可能缺乏原创性。对于追求独特性和创新性的建筑设计来说，这可能是一个潜在的问题。

（6）伦理问题：在使用扩散模型进行建筑设计时，可能会涉及版权、隐私等伦理问题。例如，如果模型训练过程中使用了未经授权的图片或数据，就可能引发版权纠纷。此外，生成的图像如果用于商业目的，也可能涉及知识产权的归属和利益分配问题。还有一个值得讨论的问题是，如果有人训练AI模仿某位建筑师的设计风格，并进行图像生成，那么这是否能被定义为抄袭？相信在将来，对这方面的讨论会越来越多，相关的法律法规以及伦理规范也会越来越健全。

四、AI 辅助设计案例

（一）前期调研

大语言模型可以有效帮助搭设各类文字内容的框架，设计师可以在明确需求后，借助 AI 生成相关内容，再人工进行删减与优化（图 8-1）。

（二）概念设计

目前来说，在建筑设计领域，AI 辅助设计应用最为广泛的是图像生成。以扩散模型（DM）为代表的生成式 AI 主要分为 3 种生成路径。

（1）通过单语义（prompt）生成图像，分析建筑方案需求，将设计需求转化为文本描述，进行发散性思维，从而探索创造性方案。例如，灭绝物种纪念馆设计通过对展览路径的解构——萌芽、生长、消逝、回忆，使用人工智能生成了叙事性空间节点（图 8-2 上）。

（2）使用路径是多语义（prompt 和 image）生成图像。通过对文本、单张图像或多张图像的相互组合，对设计形态和布局进行粗略定义和规划，算法根据输入的文本或控制图像解析空间关系，生成相对应

的设计方案。例如，通过解构让·布维（Jean Prouvé）设计的椅子，仅保留椅子腿部分，生成适合新材料打印的椅面设计（图 8-2 中）。

（3）图像迭代（inpaint）生成。建筑师将完成度较高的设计方案输入，人工智能通过增加、减少、修改方案中的设计要素，在已有方案的基础上进行局部改动，进一步有针对性地优化设计。例如，在某乡村美术馆项目中，对草图方案已有的建筑形体与布局进行形式迁移与风格衍生，快速迭代形成多方案比较（图 8-2 下）。

上述 3 种路径，展现了从"人机协同"（通过人的指导来监控机器的执行）到"人机共生"的创作范式，人和智能技术共同参与创意过程，通过相互补充和激发，实现更高效的创意产出。

在"人机协作"新范式下的建筑设计强调人机交互。只有通过建筑师自行建立专属的人机交互关系，才能在 AI 辅助设计大潮中，保持个人的鲜明设计特色。丹尼尔·博勒简坦言："使人工智能符合建筑师的习惯是建

筑师自身的任务，而不应完全依赖大型人工智能公司。"在这样的新范式实践过程中，为了让人工智能更适应建筑师的设计思维，需要从"数据 - 模型 - 互动 - 评价"4 个方面重塑建筑产业。

① 数据收集：根据建筑师的需求和偏好，筛选建筑文本、图片、模型等数据，构建个性化的数据库（图 8-3）。

② 模型训练：将人脑的设计思维与经验判断转化为机器算法可理解的多维度建筑表达。

③ 互动设计：在建筑师的主导下，借助公式或者经验，建立可追溯和可迭代的交互形式，并对设计进行持续优化（图 8-4）。

④ 评价反馈：评价反馈不仅是建造完成后的最终复盘，还是设计至建造全流程中，建筑师对每个环节进行反馈和评价，辅助人工智能的自我进化（图 8-5）。

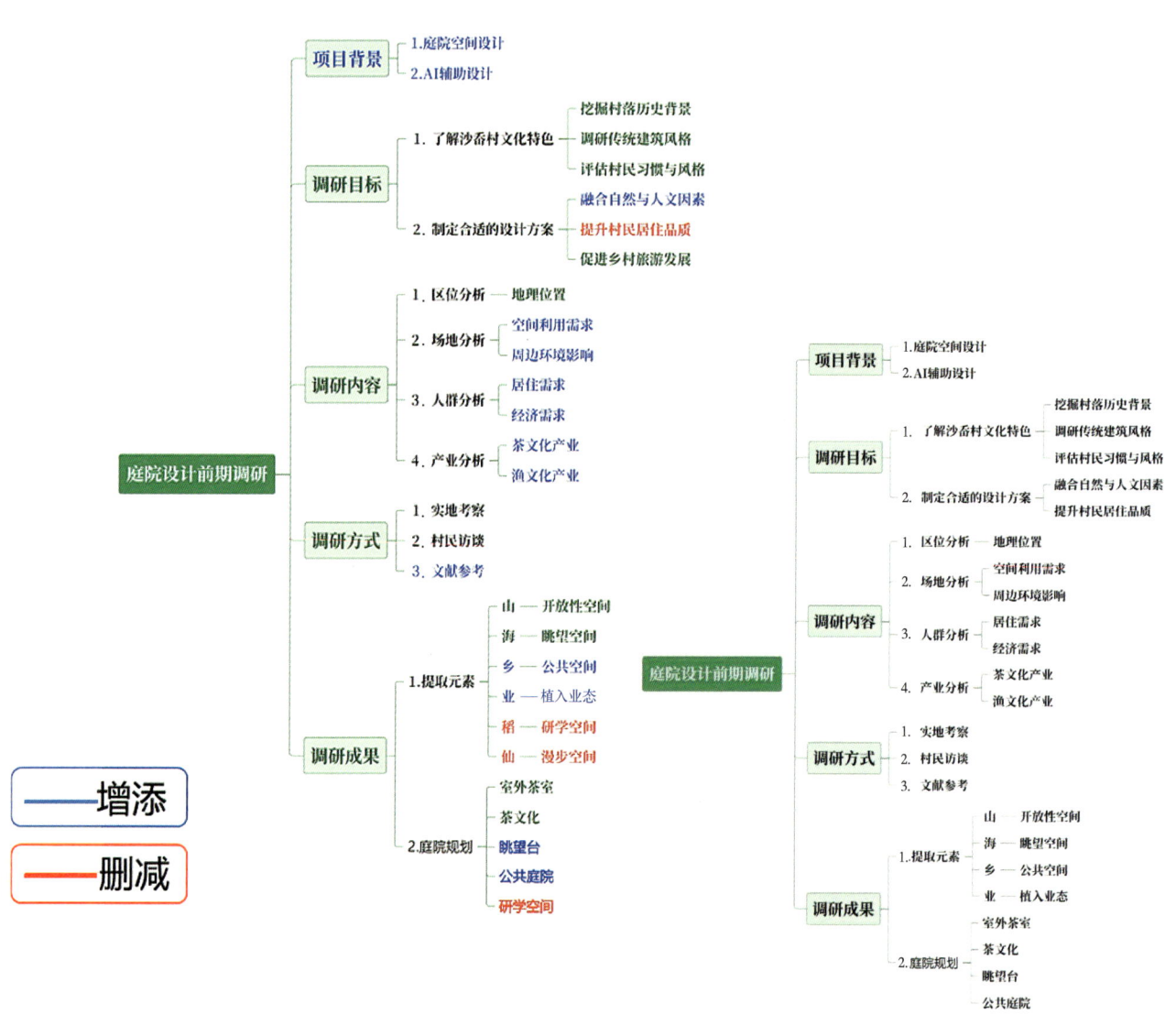

图 8-1 "海岳闲庭 山色茶香"项目中的调研大纲

（左：原始大纲；右：优化后的大纲）

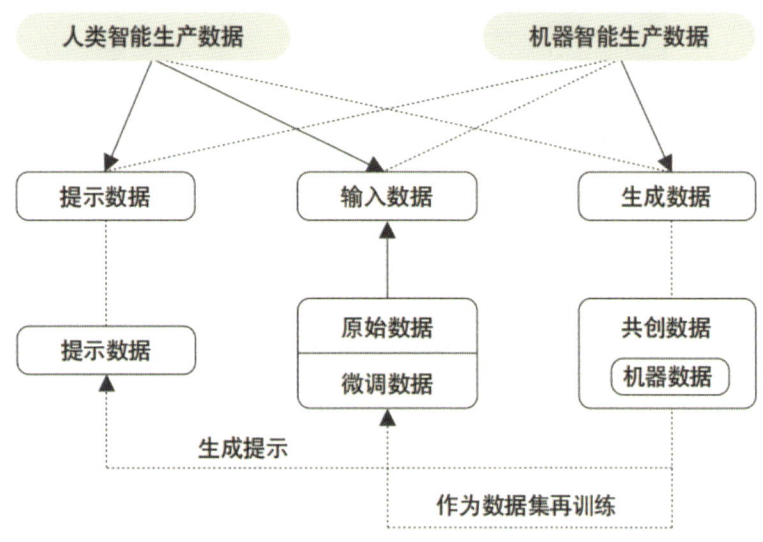

图 8-2　人工智能生成路径示例

（上：灭绝物种纪念馆；中：让·布维设计的椅子与塑料打印结合；下：某乡村美术馆项目设计迭代）

图 8-3　人机共生下的数据体系

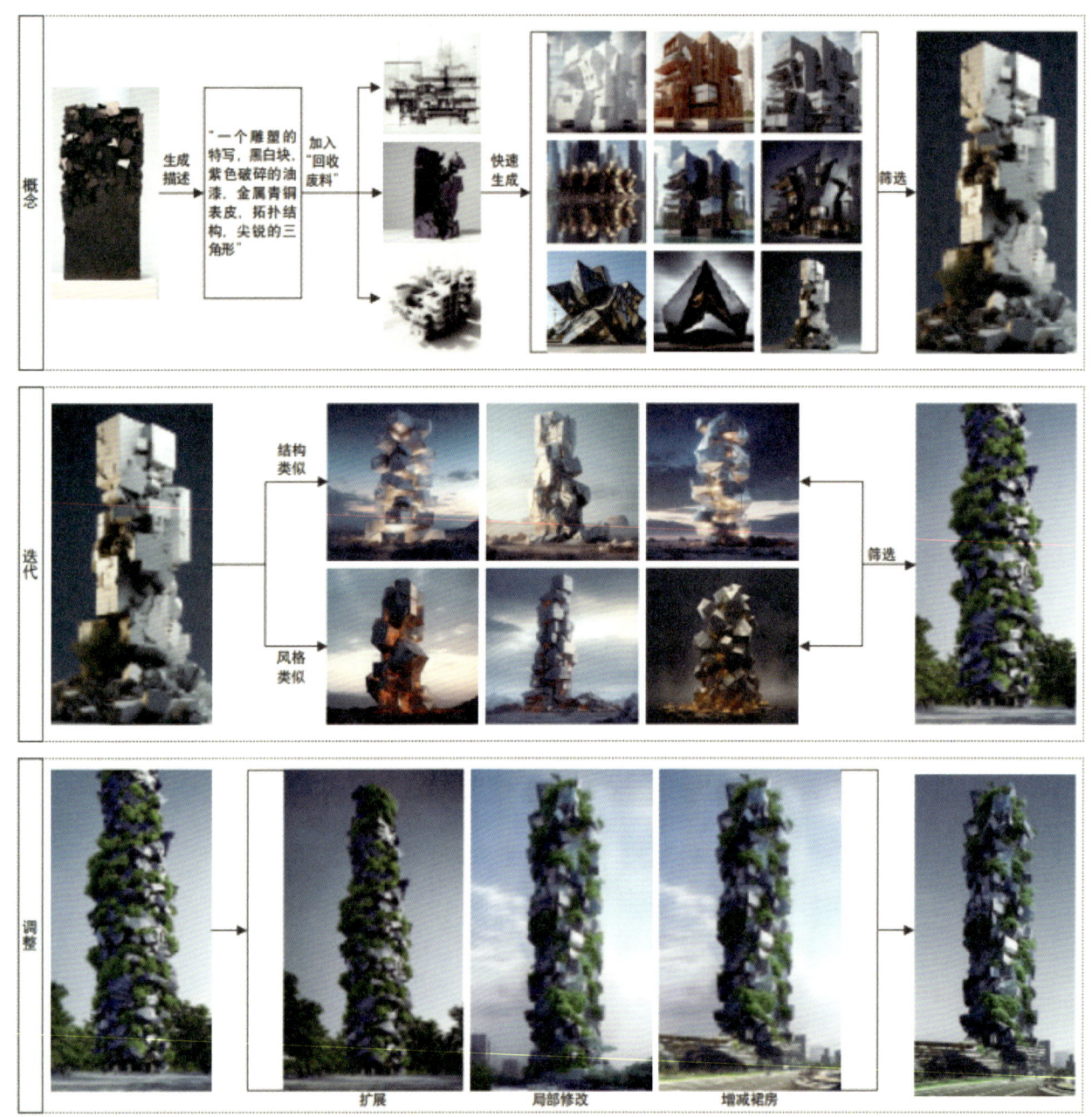

图 8-4　典型人工智能互动流程

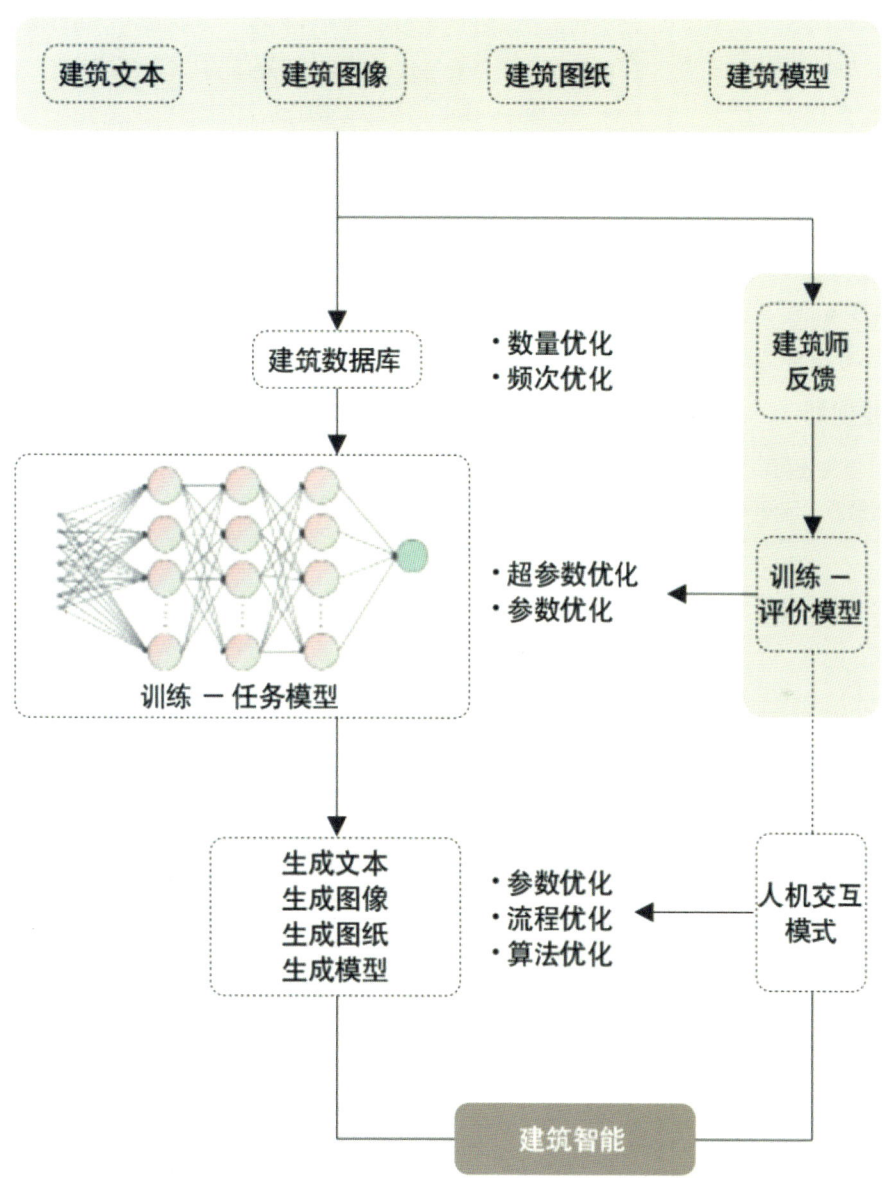

图 8-5　基于建筑师反馈的定制化智能体系

以某村落民宿改造为例，通过现场照片拍摄，并将照片中不同材质以色块区分后，可以使用 Stable Diffusion 快速生成意向图。此后，设计师可以根据需求进行立面、材质、色彩方面的修改，并进一步完成效果图的快速绘制（图 8-6）。采取类似的工作流，通过不断迭代，可以在短时间内出具高质量的效果图（图 8-7）。

（三）产业规划

借助 AI 工具，学生还可以根据当地产业特点、自然资源、未来规划等帮助村庄进行 IP 设计、文创开发、活动策划等。以 IP 人物设计为例，某村庄准备植入"茶业"，主打龙井茶的相关特色服务。由此，通过概念开发、元素提取、角色创建，并多次迭代后，形成了当地的人物 IP——小龙井（图 8-8）。通过同样的工作流，可以快速完成同系列的人物 IP 开发（图 8-9），并形成相关文创产品（图 8-10）。同时，借助 AI 工具也可以快速完成特色活动的策划，并制作相关的活动海报（图 8-11）。除此之外，随着技术的不断进步，AI 工具的能力将得到不断提升，可以在更多方面提供助力。相信学生的创意可以更好地发挥 AI 工具的能力，活化乡村产业。

图 8-6 "海岳闲庭 山色茶香"项目中 AI 辅助效果图生成工作流

图 8-7 "海岳闲庭 山色茶香"项目中 AI 辅助下原状图（左）与改造效果图（右）对比

AI辅助IP人物设计

产品选择：龙井茶，浙江省特产，中国国家地理标志产品。

- 概念开发 —— 目标受众、背景、类型
- 提取元素 —— 提取相关元素
- 角色个性 —— 角色性格特征、能力
- 角色故事 —— 故事背景、角色关系
- 视觉设计 —— 草图设计、角色样式

生成提示词

挑选大模型

挑选LoRA

人工修改

小龙井

生成多个草稿

通过不断修改提示词与模型的选择，生成更加符合IP人物形象的二次元角色。

AI辅助IP人物设计：细节完善

细节改动

改成小书包，增加现代元素，更加活泼可爱。

把腰带改为正红色，加强视觉效果。

把草鞋改成市鞋。

表情管理

开心　坐气　担忧

焦虑　伤心　惊讶

IP人物三视图

红配绿：
作为唐制汉服的经典撞色，弱化绿色、突出红色的搭配使小龙井看起来青春洋溢，俏皮可爱。

小书包：
代替了原本采茶小背篓的设计，融入现代元素，符合小龙井的少女气，有利于吸引年轻群体的喜爱。

图8-8 "海岳闲庭 山色茶香"项目中AI辅助IP人物设计流程及成果

茶品：普洱茶

姓名：云茶普儿

生日：2.14

茶品：大红袍

姓名：岩骨花香

生日：10.20

茶品：铁观音

姓名：清韵堂

生日：11.27

图 8-9　"海岳闲庭 山色茶香"项目中 AI 辅助系列 IP 人物设计成果

IP文创产品

　　我们将IP人物结合一些产品进行文创设计，有帆布袋、T恤、抱枕、鼠标垫、钥匙扣等，将IP人物与文创产品结合，能够增加经济效益，可爱的IP形象可以吸引游客的关注，尤其是年轻群体，他们可能会因为喜欢某一IP形象而尝试对应的茶类饮品，或是购买相关的文创产品。

图 8-10　"海岳闲庭 山色茶香"项目中 IP 文创产品

AI辅助设计开展特色活动

时间：8月20日
活动关键词：茶艺科普研学活动
预计到场人数：30名小朋友，3名大人
活动预算：800元左右

活动方案生成中，预计等待两分钟……

AI小助手

时间：8月20日
活动关键词：茶艺科普研学活动
预计到场人数：30名小朋友，3名大人
活动预算：800元左右

一、活动名称：茶礼巡游。
二、活动目的：
　1.增进儿童对龙井茶文化的了解和兴趣。
　2.通过实地考察和互动体验，提高儿童对自然知识的认知。
　3.培养儿童的动手能力、观察能力和团队协作精神。
　4.促进茶艺传承，弘扬优秀传统文化。
三、活动对象：6~12岁儿童。
四、活动时间：全天。
五、活动地点：庭院、室内。
六、活动流程：[附件]。
七、活动准备：
　1.桌椅若干，教具一套，茶具16套，五种茶叶若干份、竹篓竹篦若干、晾架三组；制茶设备、流程图片KT板、易拉宝；活动手册、证书、奖品等物资。
　2.工作人员4名，包括：茶艺师×1、制茶工坊工匠×1、科普讲师×1、志愿者×1。
八、注意事项：
　1.活动前对孩子们进行安全教育。
　2.工作人员和志愿者全程陪同，确保孩子安全。
　3.准备急救包和联系当地医疗机构，以应对突发情况。
九、活动反馈：
　活动结束后，收集家长和孩子们的反馈，并总结存档。

图 8-11　"海岳闲庭 山色茶香"项目中 AI 辅助活动策划及海报设计成果

Practical Guidance for Architectural Design and Planning

Special Topic on " Rural Revitalization "

第九章

专项篇

适老化设计专项

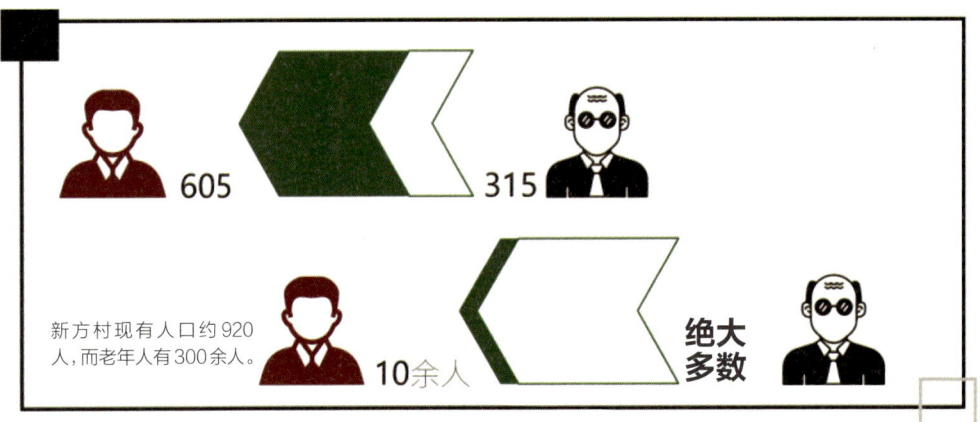

图 9-1 "白鹭归栖 心安吾乡"项目中新方村人口结构现状

图 9-2 "山海三门 风韵平岗"项目中平岗村人口现状

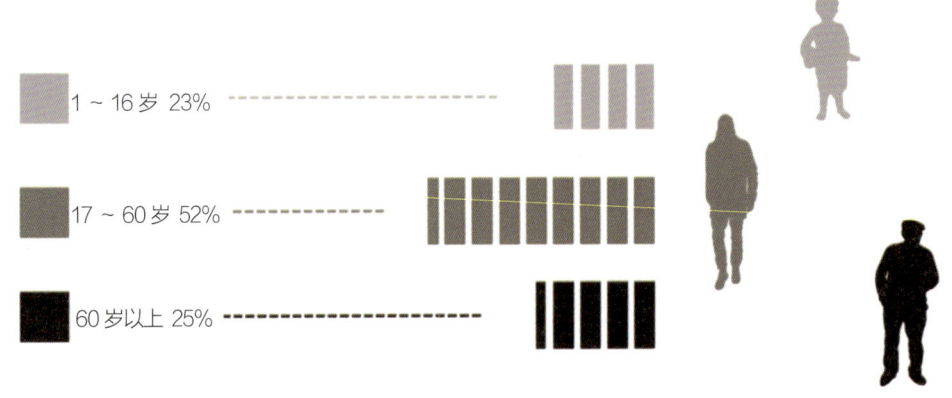

图 9-3 "风动浮竹 新兴方庭"项目中新兴村人口结构

一、 乡村养老现状

《中华人民共和国老年人权益保障法》第二条规定，老年人是指六十周岁以上的公民。

据第七次全国人口普查数据，我国老年人口规模庞大，达到 2.6 亿人，占比 18.7%；老龄化进程明显加快，2010-2020 年十年间，老年人口比重上升了 5.44 个百分点，与上个十年相比，上升幅度提高了 2.51 个百分点；最重要的是，老龄化水平城乡差异明显，我国乡村老龄化水平为 23.81%，比城镇高出 7.99 个百分点。

乡村产业结构较为单一，年轻人外出务工；乡村教育资源缺乏，适龄孩童外出求学；老年人在家务农，或年老务工者回村居住。以上问题导致乡村老年人比例偏高，也使乡村家庭日益"空巢化"，造成乡村养老难题。

师生团队在调研走访浙江各乡村时，不少项目组已发现村庄老龄化严重问题。如"白鹭归栖 心安吾乡"项目中，新方村现有人口约 920 人，空心化较为严重，由于本地年轻人大多外出务工，村子里多为 60 岁以上的老人和 10 岁以下的孩童（图 9-1）；如"山水画境 竹林茶隐"项目中，坪坑村全村共有 3 个村民小组，69 户，人口 286 人，现常住人口仅 30 余人，且以中老年人为主，村子空心化程度严重；如"山海三门 风韵平岗"项目中，80% 以上原住居民已经迁出，老年人比重达到 70% 以上，村庄空心化、老龄化问题非常严重（图 9-2）；如"风动浮竹 新兴方庭"项目中，由于新兴村与城市距离近，村庄发展较好，村庄人口流失较少，人口结构完整，但也有 25% 的老龄化率，略高于国家乡村老年人口百分比（图 9-3）。

乡村家庭养老和机构养老作为传统的养老模式正面临困境和挑战。一方面，受到计划生育的影响，家庭规模减小，再加上年轻人普遍外出务工，留守老人、空巢老人较多；此外，乡村家庭养老观念也发生了一定的变化，老人不愿意麻烦子女照料。另一方面，集中居住型养老设施与村落联系不足，大多数与村子通过围墙进行隔绝，甚至无人使用（图 9-4）；有人使用的养老设施也缺乏支持邻里自然交往的空间延续，老年人仅在墙根闲坐、晒太阳等（图 9-5）。总体来说，乡村养老设施已按照国家政策要求建设并赋予相应功能，但相关的设备和服务能力落后，且乡村多数老人并不需要住宿空间，而对餐饮、家务、医疗、社交等的需求更加迫切。

图 9-4 无人使用的居家养老服务中心

图 9-5 墙根晒太阳行为

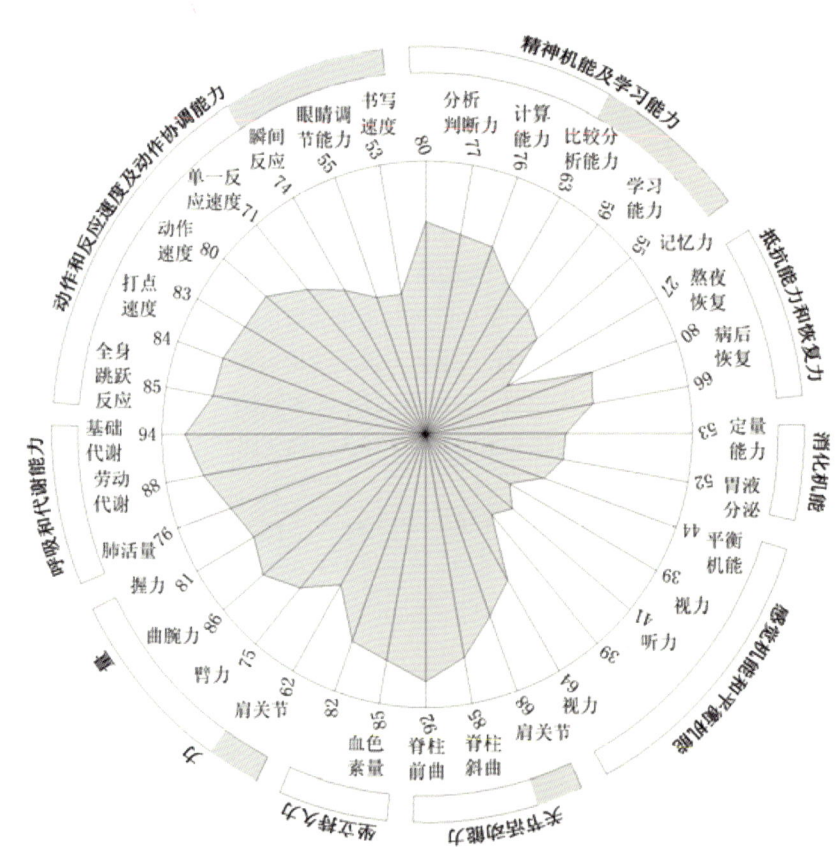

图 9-6 55～59岁年龄组身体机能相对20～24岁年龄组的关系（%）

二、乡村老年人特征

随着年龄的增加，老年人在生理、心理、行为等方面有一定程度的退化，并表现出一定的特征。

生理特征方面，老年人机体各组织结构和器官功能逐渐衰退，包括感知系统如感觉能力下降，视觉、听觉障碍显现，对周围环境的信息接收能力下降；肌肉骨骼系统如内脏功能衰退，肌肉萎缩，身高降低，握力下降等；思维系统如动作缓慢，反应能力差，注意力、记忆力衰退明显等（图9-6）。

老年人心理变化与生理机能下降有一定的关系，如记忆力降低和思维能力的退化，老年人对新事物的理解力和接受度变差，对社会和环境的适应能力减弱，容易产生自卑情绪。老年人的心理特征主要有焦虑、沮丧、念旧、孤僻、冷漠、唠叨和自我表现等（表9-1）。

老年人的行为特征与其自身的生活环境、身体状况、经济条件、文化背景和兴趣爱好等有着密不可分的联系，也在一定程度上受到生理和心理特征的影响。起居方面，早睡早起，总体睡眠时间短，深度睡眠少，睡觉时容易被外界干扰等；生活方面，会有较为一定的模式和状态，包括较为固定的伙伴、场所、时间等，且对室外场所的需求比较强烈，有一定的聚集性特点。

乡村老年人与城市老年人最大的不同是，大多数乡村老年人没有"退休"的概念，他们不会有突然"停止工作"、人际交往圈子突然变化的时刻，因此乡村老年人的生理、心理、行为特征都是随着年龄缓慢变化的，总体情绪上较城市老年人更为稳定。另一方面，由于乡村交通较为不便且娱乐场所较少，乡村老年人更喜欢聚集，门前屋后、屋旁节点空间是聚集最吸引人的场所。因此，乡村适老化设计与城市存在一定的差异性。

根据老年人以上的生理、心理和行为特征，结合乡村和乡村老年人的特点，我们可以再仔细研究，将其运用到乡村适老化设计中。生理特征方面，我们可以根据老年人的生活状态和人体工程学，进行空间无障碍设计，如平整的地面能够使老年人通行更顺畅，使用较为鲜艳的色彩能在一定程度上刺激老年人的眼睛，提升其对空间的感知等；心理特征方面，类型更丰富的聚集空间能为不同心理特征的老年人提供适宜的场所，运用乡土材料、老物件等符合老年人的念旧情绪，引起情感共鸣；行为特征方面，针对住房改善，有条件的老人家庭可以选择分房睡、分床睡，让老年人得到更好的休息，针对住区改善，可通过合理布局公共空间节点等方式让老人出门更安心。

表9-1　老年人心理特征

老年人心理特征	具体表现
焦虑	缺乏安全感，需要得到自尊和领域感
沮丧	怕被人忽视，希望能够对社会再有贡献
念旧	眷恋过去的事物，抗拒适应新环境
孤僻	空闲增加，独处时间增多
冷漠	不愿意扩大交际圈
唠叨	对感到不满的地方经常抱怨
自我表现	自我陶醉于过去的成就

图 9-7 乡村居家养老服务中心

图 9-8 乡村日间照料中心

图 9-9 乡村养老设施的两种类型（左为不包含居住空间，右为包含居住空间）

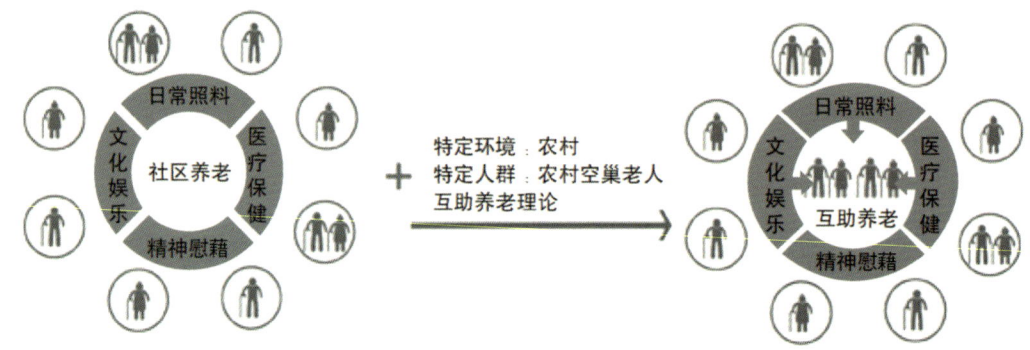

图 9-10 乡村互助养老模式概念解析

三、 乡村养老模式

2005 年，上海市率先提出"9073"养老服务格局的目标，即 90% 老年人居家养老，7% 的老年人社区养老，3% 左右老年人机构养老。此后，国家和各地养老服务体系建设规划大都沿用了这种目标框架。随后，北京市提出"9064"的养老服务格局。近年来，有些地方提出，实际的养老供给格局应该是 9901，即 99% 左右的老年人居家社区养老，1% 左右的老年人机构养老。因此，我国的养老模式主要有居家养老、社区养老和机构养老。近几年，乡村养老还发展出互助养老、旅居养老等。下面，对各养老模式进行简单的阐述。

乡村居家养老指的是以家庭为核心，以社区为依托，老年人居住在家中，由家庭成员提供生活照料和精神慰藉，同时享受社区提供的养老服务，以上门服务为主，包括生活照料、家政服务、康复护理、医疗保健等。该种养老模式符合老年人念旧、不愿离家的心理诉求。

乡村社区养老指的是以行政村为基本单位，其作为资源配置主体对社区内的老年人提供养老保障，便于老年人在熟悉的环境中接受服务。社区养老除了提供类似居家养老的服务，还包括日间照料、短期托养、文化娱乐等服务。乡村社区养老服务设施有居家养老服务中心（图 9-7）、日间照料中心（图 9-8）、老年人活动中心等。总体来说包含两种，一种包含居住空间，另一种不包含居住空间（图 9-9）。

乡村机构养老指的是乡村养老院，能够为老年人提供住宿、餐饮、活动、清洁等各方面日常生活所需，以聚集型的一栋建筑或建筑群为主要形式，包括公办和民营两种类型。公办乡村养老机构由于各方面条件的限制，只能为各类活动提供最基本的空间，入住老人以缺少住房的乡村五保户为主。民营乡村养老机构根据地域、村庄资源、需求等各方面的不同，存在着较大的差异。

乡村互助养老是乡村社区养老的一种特别形式，指的是以乡村社区为单位，通过老年人自愿参与、相互帮助、自我管理的方式，构建一种集养老、生活照料、精神慰藉等功能于一体的养老服务模式。该模式强调老年人的自我价值和社区归属感，鼓励老年人之间互相扶持、共同面对养老挑战。乡村互助养老场所主要通过对乡村社区内的闲置资源，如闲置校舍、厂房、民房等进行改造形成，其实践的主要形式有"互助幸福院""互助养老中心""乡村幸福院"等。不同于普通的社区养老模式，乡村互助养老设施主张将乡村老人的日常照料、医疗保健、文化娱乐和精神慰藉等聚集在一起（图 9-10）。

乡村旅居养老是主要针对城市老年人的养老模式。乡村由于其优越的自然环境、较为低廉的生活成本、丰富的农业体验等特点吸引城市老年人前去养老。在地点选择上，可以是老年人所在城市或周边城市的乡村，也可以是符合老人需求的与老人常住地需求较远的乡村；在时间选择上，老年人可以选择常年旅居，也可以在常住地气候条件较为恶劣的季节旅居。

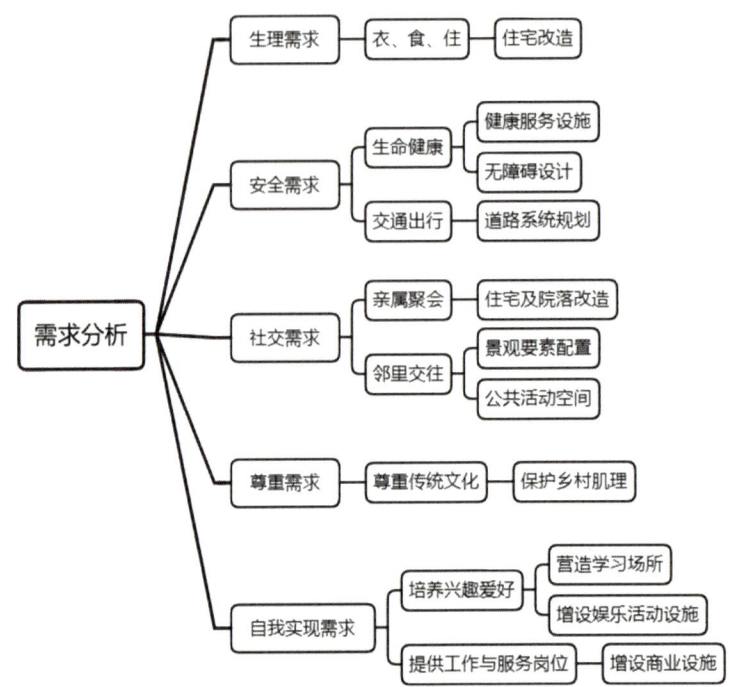

图 9-11 乡村老年人需求

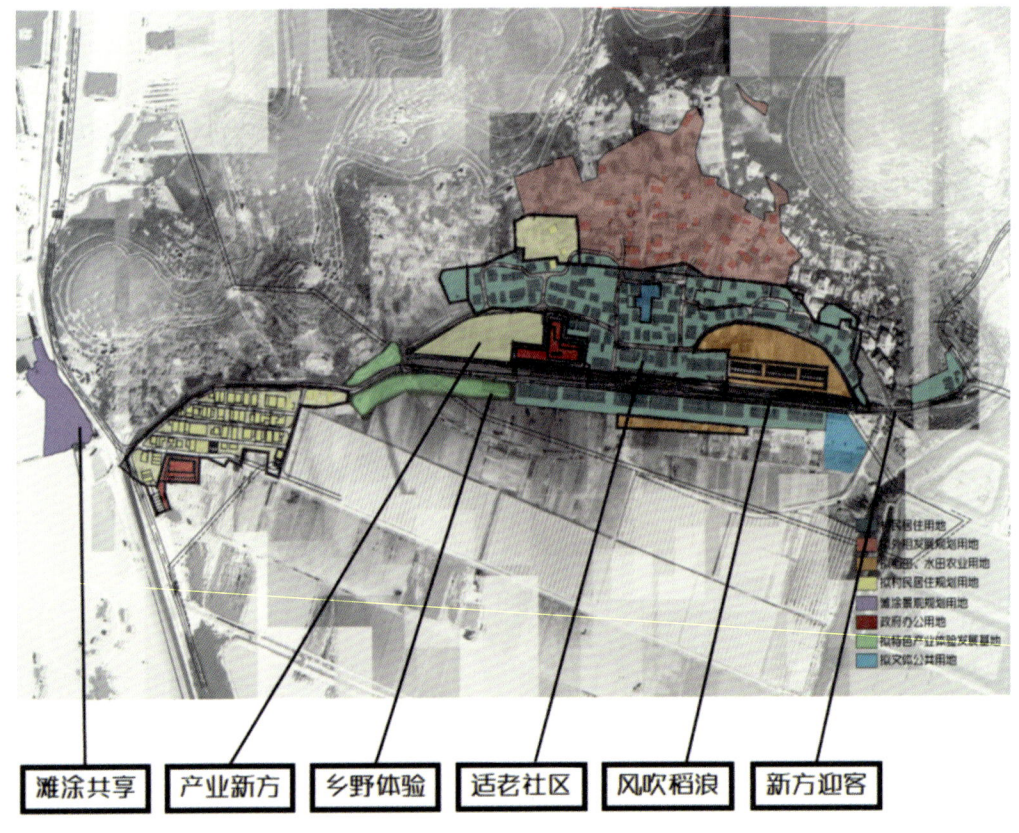

滩涂共享　产业新方　乡野体验　适老社区　风吹稻浪　新方迎客

图 9-12 "白鹭归栖 心安吾乡"项目规划总示意

四、乡村适老化设计

根据马斯洛的需求层次理论，乡村老年人的需求包括"衣、食、住"等生理需求、"生命健康和交通出行"的安全需求，"亲属聚会和邻里交往"的社交需求、"尊重传统文化"的尊重需求、"培养兴趣爱好和提供工作与服务岗位"的自我实现需求（图9-11）。

从空间层面，乡村适老化设计包括乡村规划、乡村养老设施设计、乡村其他公共空间设计、老年人住宅设计等方面。

（一）乡村适老化规划

乡村规划方面的适老化设计包括乡村空间布局优化、道路交通规划、适老活动场地设置、无障碍加设等。具体措施包括：合理规划居住空间、公共活动空间、休闲空间等，减少老年人日常行走的活动距离；完善其他乡村公共服务设施，尤其是医疗设施；针对旅居养老的乡村，要合理布置外来老年人的居所；通过设置路牌、有特征的节点空间等，方便老年人辨认方向；尽量使道路无障碍，如增设坡道、扶手等，确保轮椅和拐杖使用者能够轻松通行。

"白鹭归栖 心安吾乡"项目结合乡村特色和养老需求，在总体规划时就设置了适老社区，改善留守老年人的生活条件，为旅居老年人提供住宿空间（图9-12）；加宽主街道使得骑行道与人流分开，清理河流，打造亲水平台，提升环境景观，使乡村有更好的适老环境（图9-13）；改善登山斜巷存在的积水问题，并加设适老化扶手，让老年人出行更加便利（图9-14）；对沿山道路人、车、骑行的流线进行规划区分，使老年人的活动流线更为安全（图9-15）；增设老年人集聚点休息平台和适老的门球活动场地（图9-16）；根据老年人多元化活动行为模式，绘制老年人一天时间轴示意图，让老年人在该村安心居住，快乐旅居（图9-17）。

（二）养老设施适老化

乡村养老设施一般以建筑和外围景观为主，与其他建筑设计的流程类似，包括建筑功能布局、流线规划、建筑设计逻辑形成、建筑形式设计、室外景观布置等。但是乡村养老设施的设计需要考虑乡村建筑类型的特殊性和乡村老年人的行为特征及需求。

"上海市老港镇大河村为老服务公寓"项目在功能设置上为了体现当地老年人的需求，在调研的基础上，兼顾不同年龄段、健康状况、家庭结构、收入水平等差异化需求，设置满足特定需求的功能板块，包括日间照护、短期托管、医疗看护、休闲活动等（图9-18）。考虑到老年人的活动习惯、活动内容、人群规模，设置应对不同天气状况的多样化场地类型，包括硬质铺地的室外小广场、室外景观庭院、半室外空间等；考虑不同活动区域之间的流线和辅助功能的可达性，重点设置老年人无障碍设施，注重地面防滑材料的应用；为充分利用日照和环境景观，也为创造多种领域性的休憩空间，总体布局采用二层合院式；项目整体为江南田园白墙黛瓦建筑风格（图9-19），建筑材料采用当地常用的水泥、砖、机瓦等，为保留对过去的记忆，设计师通过木纹重构了具有历史感的外立面拱券（图9-20）。

图 9-13 "白鹭归栖 心安吾乡"项目对主街道路进行加宽

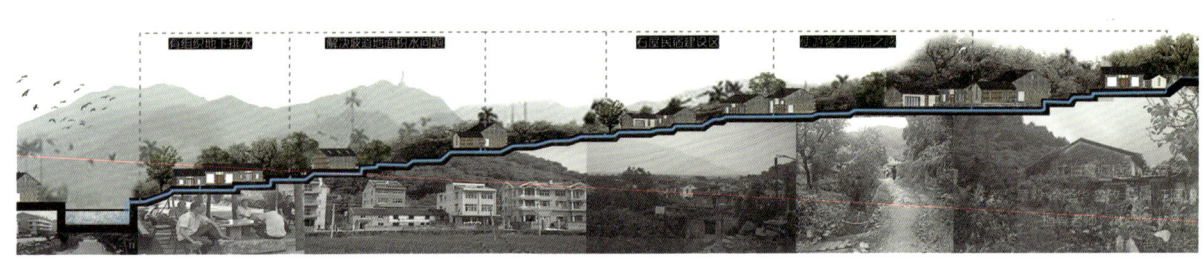

图 9-14 "白鹭归栖 心安吾乡"项目对登山斜巷进行规划改造

以村民的实际需求为出发点，根据村民经常往来路线，为村民打造适宜其交流闲谈的场所。

为进一步增强村庄活力而设计的骑行旅游路缺少公共设施以及建筑，乡村规划建造公共厕所。

乡村旧建筑多为民国时期建筑，建筑特色鲜明，大量浮雕壁画具有艺术感，但保存不甚完整。为此，将其打造为艺术家交流中心等。

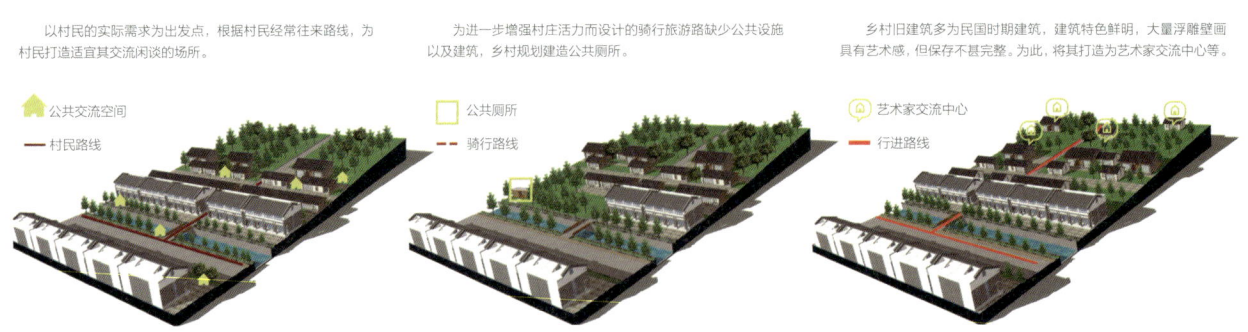

图 9-15 "白鹭归栖 心安吾乡"项目对沿山道路流线进行设计规划

图 9-16　"白鹭归栖 心安吾乡"项目老年人集聚点休息平台

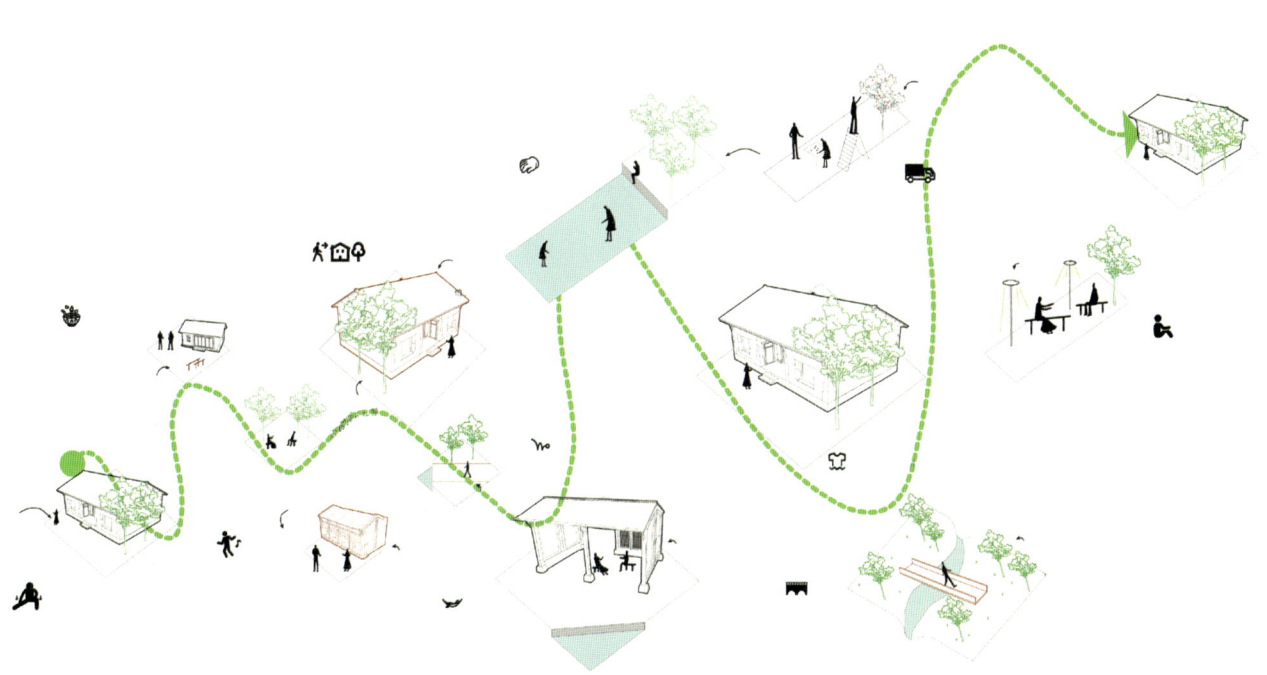

图 9-17　"白鹭归栖 心安吾乡"项目老年人多元化活动时间轴

生活服务区域	保健服务区域	公共活动区域	服务保障区域
休息/托管间（7间14床位）	医务室（含药房）	多功能活动室	入口门厅（含作品展示）
就餐空间（36～40座）	智慧健康检测	棋牌室	信息发布
厨房（配餐加工）	注射室	图书室	管理办公室
洗浴助浴	心理保健	创作室	接待/会议
理发	康复理疗	交流露台	库房
		室外活动场地（带小舞台）	便民超市

图 9-18 "上海市老港镇大河村为老服务公寓"项目功能设置

图 9-19 "上海市老港镇大河村为老服务公寓"项目白墙黛瓦建筑风格

（三）公共空间适老化

乡村其他公共空间是村民的社交空间，乡村老年人是其主要使用者，由于乡村老年人的特殊性，对乡村公共空间建设提出了更多的要求。需要注意的是，乡村老年人使用的公共空间除了超市、活动场地等功能性强的空间，门前屋后、街巷空间、洗衣空间等也是其经常使用的活动场所。

有学者将乡村公共空间划分为"文化休闲型""步行游憩型""驻留休憩型""景观观赏型"。心理学家德克·德·琼治提出边界效应理论：明确的边界不仅让人感到心理的舒适，也能看到不同空间之间过渡时不同元素的叠合，当一个人处于边界位置时，可以更好地观察他人的活动，而自己处于一个不容易被他人发现的位置，因此沿建筑立面的区域是受欢迎的文化休闲型公共空间；对乡村老年人较为友好的步行游憩型公共空间为人车分离、路网较密、房屋间距小、具有遮阳效果（房屋或绿化）（图9-21）的道路；驻留休憩型公共空间一般分布于步行游憩型公共空间旁，通过座椅等的设置，让老年人能够在此类空间聚集（图9-22）；景观观赏型公共空间主要用于休闲放松，面对景观设置会有更好的聚集效应。

也有学者将乡村老年人在公共空间的聚集现象分为"功能性聚集"和"场所性聚集"：功能性聚集主要发生在休闲广场、菜场、洗衣空间、文化礼堂、寺庙、教堂等，场所性聚集发生位置不固定，但需要一定的空间特质，如有干净的座椅、有围合感和安全感的场所、场所容易到达等。

总体来说，老年人在乡村公共空间的聚集发生在容易停留的地方，有顶、有墙、有凳、有景。我们需要做的是如何发现这些公共空间并对其进行设计改造，使其更具有适老性。

（四）住宅适老化

从目前养老现状来看，更多的乡村老年人以住在自宅中养老为主，因此老人住宅的适老化设计相当重要，但目前针对乡村住宅的适老化改造案例极少。想要改造老年人住宅，需要从老年人居住现状（独居、夫妻二人居、爷孙两代居、父子两代居或三代居甚至四代居）出发，调研住宅的功能、流线分布是否合理，并对不合理处进行改造；查看住宅内部的热舒适性，对热舒适性差的地方通过主动、被动的方式进行调整，如改善通风采光，增加墙面和门窗的热惰性等；对无障碍细节进行改造，如地面的防滑度、平整度等，各个功能空间的无障碍设计等。下面以论文《居家养老模式下农村适老化改造设计——以黑龙江省民政村为例》中的两个养老住宅改造作为乡村老年人住宅适老化设计的案例。

黑龙江省民政村人口老龄化程度达22.3%，建筑以砖木结构为主，住宅以单层为主，村内老年人住宅以"夫妻二人居"和"两代居"为主。

针对"夫妻二人居"，该村内有个住宅建于1972年，砖木结构，建筑面积60 m²，平时夫妻二人的主要活动包括做家务、务农、普通社交等。该住宅主要存在以下问题：主卧与客厅共用，缺少私密性；卫生间与老人卧室距离较远，不便于老人使用；餐桌在卧室兼客厅内，就餐不方便（图9-23）。

经过改造，将卫生间调整到主卧北侧，以方便老人（尤其夜间）使用；调整厨房相关家具的位置，使其能够摆放餐桌；增加单独客厅的空间，以供老年人娱乐（图9-24）。

针对"两代居"，该村有个住宅建于1994年，砖木结构，建筑面积98 m²。由于是"两代居"，隔墙将住宅分成东西两个部分，老年人住在东侧，建筑面积49 m²。妻子瘫痪在床，丈夫主要活动为照顾妻子、家务及社交等。该住宅主要存在以下问题：缺少室内卫生间；卧室空间较小；没有独立的餐厅；厨房和餐厅距离远（图9-25）。

经过改造，将次卧位置改造为卫生间，并预留轮椅回转半径；将原有的卧室兼客厅空间分为卧室和客厅两个房间，使厨房和餐厅距离更近；设置次入口供厨房出入（图9-26）。

图 9-20 "上海市老港镇大河村为老服务公寓"项目传统符号重构

图 9-21 遮阳空间

图 9-22 道路旁驻足空间

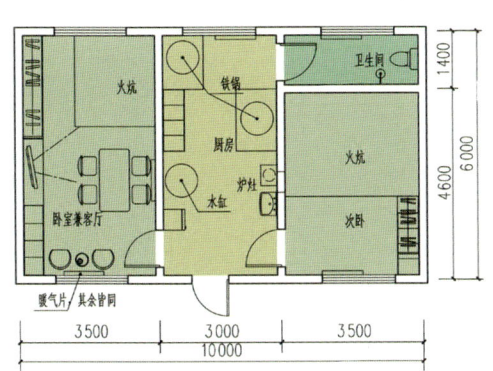

图 9-23　"夫妻二人居"改造前平面图

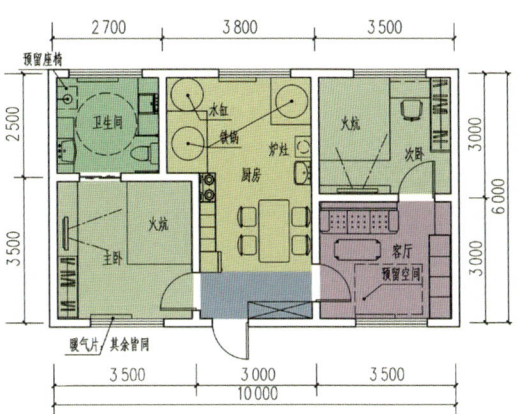

图 9-24　"夫妻二人居"改造后平面图

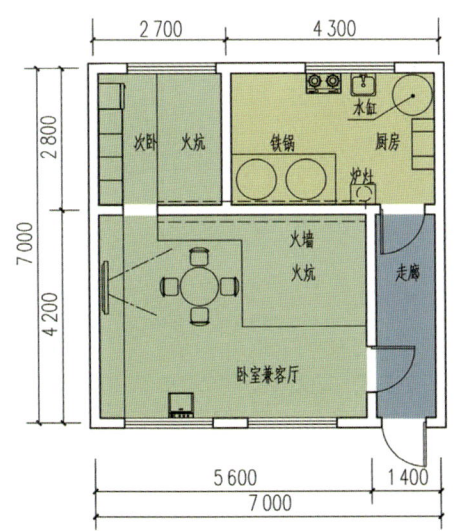

图 9-25　"两代居"改造前平面图

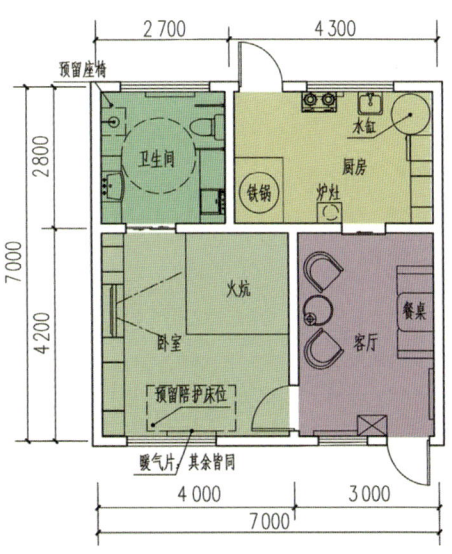

图 9-26　"两代居"改造后平面图

Practical Guidance for Architectural Design and Planning

Special Topic on "Rural Revitalization"

第十章

专项篇

历史建筑活化专项

Revitalization of Historical Buildings

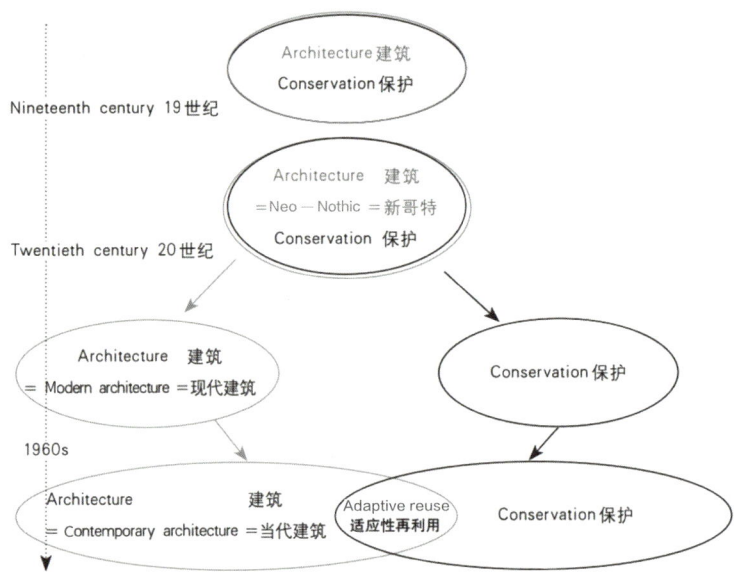

图 10-1 建筑学、保护学与适应性再利用关系和历史演变图

项禹言宅 章氏住宅 幸福堂王宅 陈增丰民居

任氏民居 章家里 小桥头黄宅 毛茹可宅

回浦路廊 陈元生南货店 马鞍山发电厂 大礼堂宿舍楼

广济道院 杨府庙 曾氏祠堂 下洋何氏宗祠

图 10-2 台州本土的乡村历史建筑群像

一、政策背景与观念发展

长期以来，我国历史建筑的保护工作主要侧重于抢救性保护，并且取得了一定的成果。然而，随着社会经济的稳步发展和历史建筑保护观念的不断进步，人们开始意识到历史建筑活化利用的重要性，即保护、改造与利用并行（图10-1），让历史建筑"活起来"。

2021年，中共中央办公厅、国务院办公厅发布的《关于在城乡建设中加强历史文化保护传承的意见》中指出，坚持以用促保，让历史文化遗产在有效利用中成为城市和乡村的特色标识和公众的时代记忆，让历史文化和现代生活融为一体，实现永续传承。在保持原有外观风貌、典型构件的基础上，通过加建、改建和添加设施等方式适应现代生产生活需要。与此同时，随着全国各地试点的推行，

国家及地方政府也出台了一系列相关政策和指导意见，如《杭州市历史建筑保护利用试点工作方案》等，旨在通过具体措施推动历史建筑的活化利用。

2022年，全国文物工作会议提出了新时代文物工作的22字方针："保护第一、加强管理、挖掘价值、有效利用、让文物活起来"。2024年，习近平总书记的重要文章《加强文化遗产保护传承 弘扬中华优秀传统文化》中，指出"要让文物说话，让历史说话，让文化说话"。以上政策和方针等，为文物历史建筑的保护与活化利用指明了方向，推动了文化遗产传承和文物历史建筑保护利用水平的全面提升。

乡村历史建筑包括在乡村的文物建筑、历史建筑和其他具有一定文化

历史价值的建筑，它们都是在地文化的深刻体现，同时也是地方历史的重要载体。这些建筑不仅承载了乡村的历史记忆，还反映了当地的文化传统、生活习惯、经济发展水平和自然环境特色（图10-2）。在当下乡村振兴战略的背景下，文旅产业的发展更是为乡村带来了新的发展机遇。乡村历史建筑的活化利用不仅可以为乡村文旅业产业提供全新的"空间容器"，为满足新功能而重新延续活力，也可以在满足新需求的前提下，发挥其作为历史文化遗产在当代的文化价值、社会价值和经济价值等，成为乡村文旅产业新的增长点，对乡村文旅事业的可持续发展有重要意义。

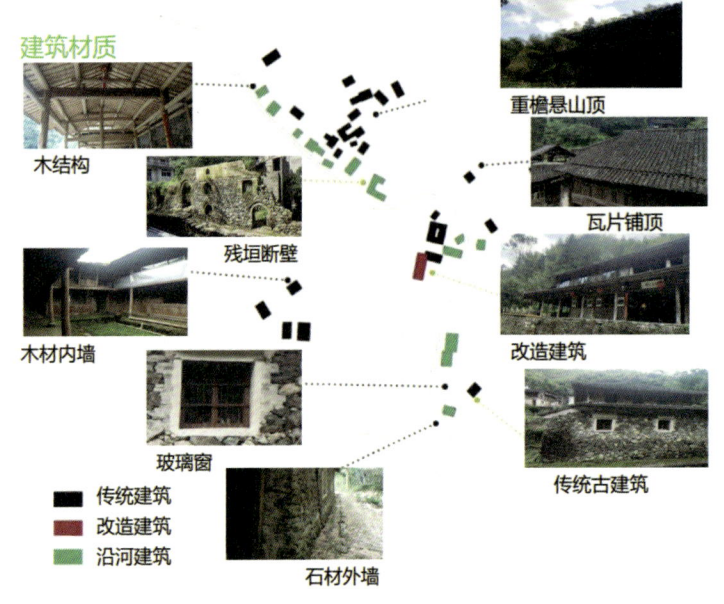

村口建筑稀疏，村子内部建筑集中，村庄沿溪而建，错落有致的廊房，造型精致的石屋，灵构巧砌的石墙，长满青苔的石阶，古色古香的显应庙，上下通透的中央台，浑然一体的条形木屋，展示着这个古村的历史。古民宅大多采用石头外墙，内部为木结构，瓦片盖顶。

图 10-3 "深幽古村 活态传承"项目的坪坑村内依旧保留了大量传统民居

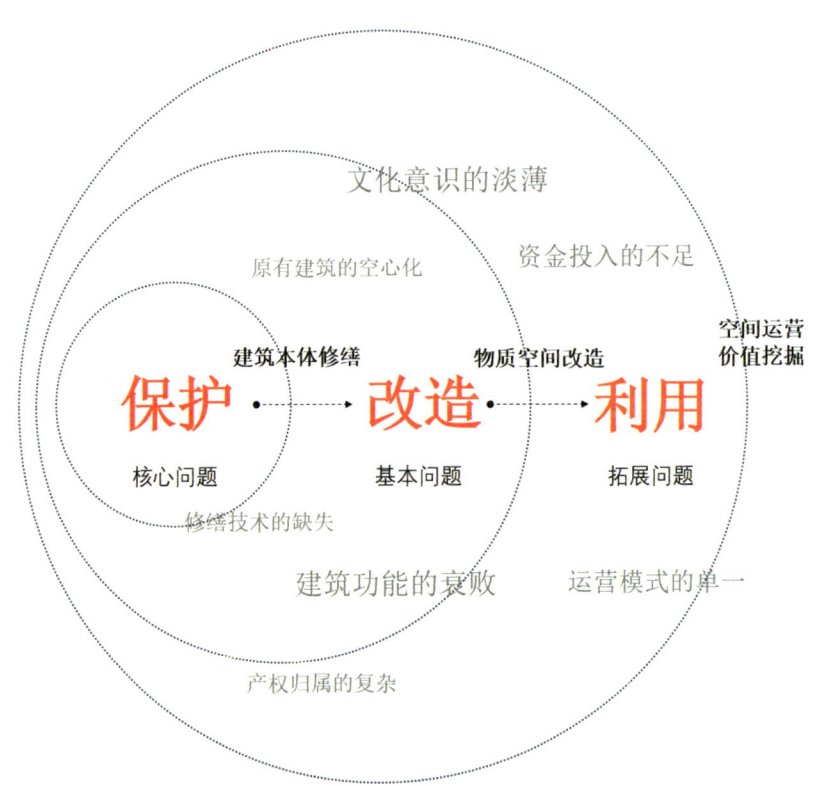

图 10-4 历史建筑保护、改造和利用的关系和问题分析图

二、乡村历史建筑的现状分析

近年来，随着对文化遗产保护意识的增强，许多地方政府和民众开始重视乡村历史建筑的保护。一些地区通过立法、制定保护规划、加强宣传教育等措施，提高了对乡村历史建筑的认识和保护力度。各地纷纷开展乡村历史建筑的普查、登记、建档工作，并对重点历史建筑进行修缮和维护（图10-3）。但如何发展和活化这些历史建筑依旧存在着大量问题，这不仅需要政府、社会和个人各方面的共同努力，也需要设计师们对乡村历史建筑活化策略进行探索。

通过对大量乡村历史建筑的现状调研与活化实践，可以了解到目前乡村历史建筑在保护和利用过程中依旧存在问题，大体可分为物质空间保护利用的改造问题、空间运营和价值挖掘的利用问题（图10-4），具体细分可分为以下七个方面。

（1）原有建筑的空心化：随着城市化进程的加速和生活方式的改变，许多村民相继搬出乡村，导致大量的乡村出现"空心化"问题，历史建筑面临无人维护、逐渐破败的困境，其中部分历史建筑逐渐失去了原有的使用功能，部分历史建筑来不及留存就被拆除或改建为现代建筑。

（2）建筑功能的衰败：乡村社会环境的变化导致对建筑的原有功能需求发生改变，社会文化意义的式微、建筑物理状况的衰退、经济产业环境的改变都会导致历史建筑功能的衰败和废弃，如祠堂、民居还有厂房等建筑类型（图10-5）。

（3）修缮技术的缺失：许多乡村历史建筑由于长期无人维护都存在着严重的结构性破损问题，其修缮工程都需要当地专业的工匠团队。但由于农村人口整体加速老龄化的背景，乡村工匠队伍也呈现出明显的老龄化。老一辈工匠的退休和离世，以及年轻一代对传统技艺兴趣的缺失，导致部分传统建筑技艺面临失传的风险。

（4）文化意识的淡薄：由于地方村民对历史建筑的价值认识不足，缺乏文化意识，他们可能更关注现代生活的便利性和舒适性，而忽视了其文化和历史的价值，所以难以形成统一的保护意见，导致建筑得不到有效保护，甚至被"破坏式"利用。

（5）产权归属的复杂：在过去由于政策变动和社会变迁，许多历史建筑的产权信息未能得到妥善保存或记录，导致现有产权信息不完整或丢失，进而使得产权归属难以明确。产权归属的复杂多样，包括个人所有、集体所有和国家所有等。这种复杂的产权关系给保护工作带来了一定的难度，因为不同产权主体之间的利益诉求可能存在冲突。

（6）运营模式的单一：乡村历史建筑的保护与利用之间存在一定的矛盾。在利用过程中，一些乡村的历史建筑出现了过度商业化的现象，一味追求经济利益和游客数量，进行了过度开发和改造，导致其原有的历史风貌和文化内涵遭到破坏（图10-6）。也有一些地区过于强调保护，限制了其利用价值的发挥。

（7）资金投入的不足：乡村历史建筑数量多、分布广，且维护周期长，需要大量资金。然而，由于资金来源单一，政府财政支持有限，单一的保护需求使得社会资本和民间力量参与保护的积极性不高，导致维护资金严重不足。所以在开发运营时需要拓宽资金来源，并形成可持续的资金投入。

图 10-5　温州某村落的祠堂被废弃后沦为放置杂物的场所　　图 10-6　某过度商业化的古村落

图 10-7　先锋云夕图书馆改造后的实景图

三、乡村历史建筑的活化策略

乡村历史建筑的活化，是指对具有历史、文化价值的老建筑进行改造和利用，使其融入现代社会并发挥新的功能，核心在于避免不必要的资源浪费，或是保留历史意义，让其更具备传承意义和经济价值。

乡村历史建筑承载着丰富的历史信息和文化内涵，所以在其活化利用的过程中，需要在探索建筑创新形式的基础上，也同时传承和弘扬乡村历史文化，增强村民的文化认同感和归属感。从乡村历史建筑的物质空间保护利用的改造问题、空间运营和价值挖掘的利用问题两方面出发，可以将活化策略总结为功能置换、空间重构、结构增强与修复、置入创新表皮、空间加建和扩建、物理性能提升、文化历史价值展示、创新运营和产权模式等方式。

（一）功能置换

面对文物建筑或者文化历史价值较高的老建筑，不仅需要保留原有建筑的历史和特色，保留具有价值的部分并进行修复和保护，也需要适应社会进行相应的功能置换。在建筑活化过程中也需要对原有建筑风貌进行定位，新的建筑功能应延续和再现原有建筑的特征。以桐庐先锋云夕图书馆为例，将衰败的建筑修缮至原有状态，保留了其原来的土坯墙、瓦屋顶、老屋架，完整地展示了其原先的历史风貌，并且由于商业运营的需要将原有的民居空间置换为具有公共性的图书馆（图10-7、图10-8）。

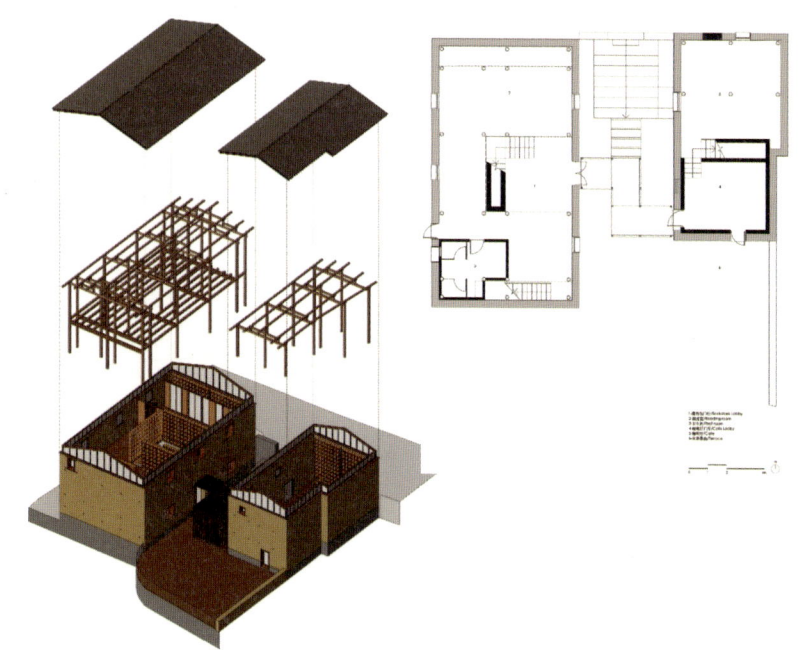

图10-8　先锋云夕图书馆的改造分析图和平面图

图 10-9 "几米桥头 千年遗风"项目改造前后对比图

图 10-10 "几米桥头 千年遗风"项目改造设计效果图

在"几米桥头 千年遗风"项目中，原建筑为卵石砌筑而成，现状内部空间已经废弃。在当地文旅发展背景下，结合当地特色小吃，植入九层糕的商业业态。基本保留建筑外观并对其进行适当修整，外立面设置营业窗口，内部布置服务空间，最终实现通过功能置换实现建筑活化（图10-9、图10-10）。

（二）空间重构

一些历史建筑的结构和外墙完整且安全，只需要进行适当修缮，内部空间尽管已无法使用，但是具有很强的可塑性，特别是废旧的厂房空间。通过重新规划空间布局，结合现有结构重新布局室内空间，以适应新的功能需求。这可能涉及拆除或移动墙壁、

新增隔断，以创造更适合新用途的空间布局。以嘉兴丁栅水乡SOHO智慧粮仓为例，建筑主体为20世纪60年代建造的粮仓群落，保留其原始的桁架空间和立面作为整个空间场所的中心，其内部空间也通过重新组织成为片区的办公空间（图10-11、图10-12）。

图 10-11　粮仓群落改造后的鸟瞰图

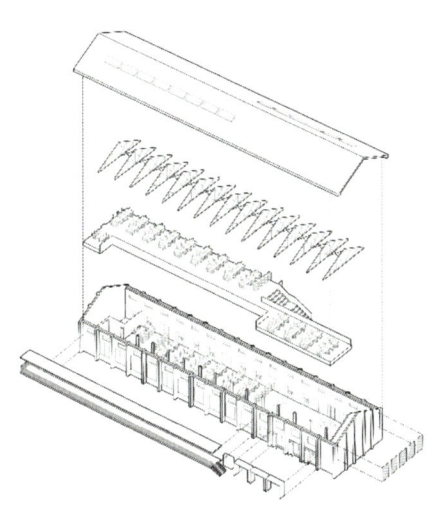

图 10-12　粮仓空间改造分析图和办公空间实景图

119

图 10-13 "陶趣堆叠，茶韵萦心——旧砖窑厂空间更新设计"项目的室内空间效果图

改造前

改造后

改造前

改造后

图 10-14 "陶趣堆叠，茶韵萦心——旧砖窑厂空间更新设计"项目的建筑改造前后对比图

在"陶趣堆叠，茶韵萦心——旧砖窑厂空间更新设计"项目中，对湖州吴兴区芳山村一旧砖窑厂进行空间更新设计，依托民宿客群，以瓷学展示、陶艺制作体验或其他休闲体验活动等为主题，将旧砖窑厂改造升级为可经营性业态空间，实现内部空间的重构，使新业态有生命力地落地到村庄里，发挥其造血功能，带动周边民宿发展（图10-13～图10-15）。

（三）结构增强与修复

由于年代久远，历史建筑往往都面临着结构老化的问题，所以活化利用过程中，需要先对老建筑结构进行评估，进行必要的维修、增强或再创造。关注本土的建造技艺，与地方工匠合作，延续老技艺，植入新结构，以体现建筑的文化性、稳定性和创新性。以安徽闪里镇桃源村祁红茶楼为例，其原有建筑为普通穿斗式木构，

但基本已经损坏，改造过程中对原有木结构进行替换，置入一套创新的"伞"形木结构体系，新的结构体系更加牢固稳定，又让二楼的空间具有公共性，形成了一个既现代又传统的合体（图10-16、图10-17）。

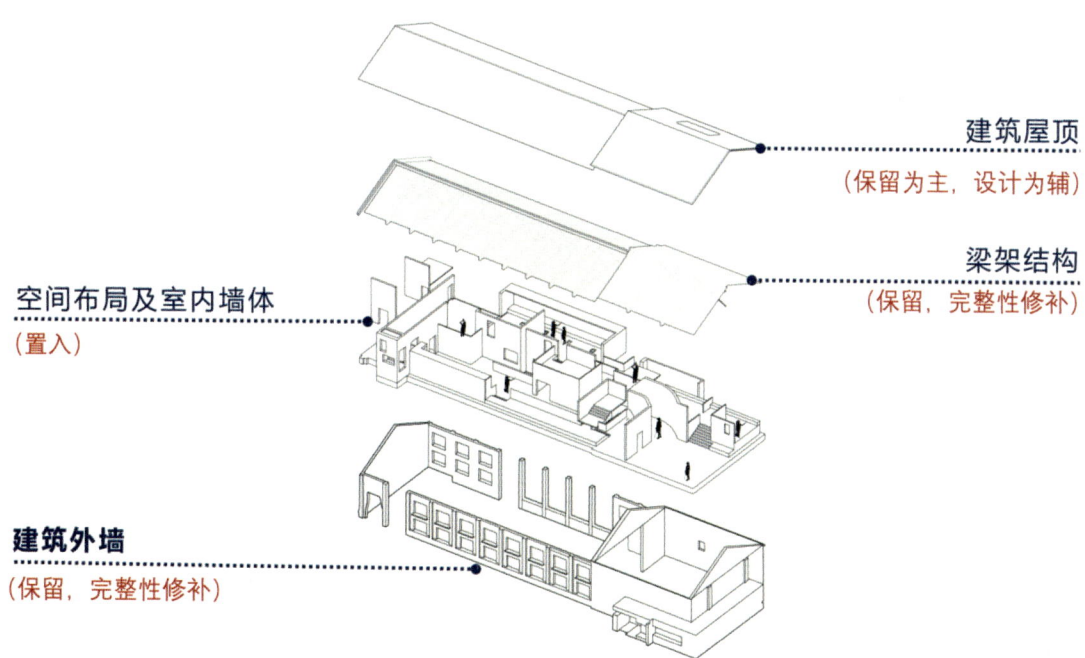

建筑屋顶（保留为主，设计为辅）

梁架结构（保留，完整性修补）

空间布局及室内墙体（置入）

建筑外墙（保留，完整性修补）

图10-15 "陶趣堆叠，茶韵萦心——旧砖窑厂空间更新设计"项目的改造策略示意图

图 10-16 祁红茶楼改造后的实景图

图 10-17 祁红茶楼新建结构和空间的关系图

图 10-18 "檐间纳景"项目的设计效果图

在"檐间纳景"项目中，对观景台区域包括平台以及两座民房进行改造，建筑本身作为村落最佳观测点。改造后的观景台作为一半服务于村民、一半服务于游客的建筑，将原有的两栋建筑通过一个全新的屋架结构进行覆盖和串联，增强其整体性和延续性（图10-18、图10-19）。

（四）置入创新表皮

表皮是建筑内部空间与外部环境的接触面，创新表皮的置入往往是在尊重历史建筑原有结构和外观的基础上进行的。通过置入新的表皮，可以让原有的历史建筑更具有现代感，新旧表皮可以形成对比，也可以进行融合。同时，新的表皮也可以根据建筑的新功能需求设计特定的功能，如遮阳、隔热、通风等。以桐庐青龙坞言几又乡村胶囊旅社书店为例，建筑内部一层为供应图书、咖啡的公共区，二层及以上为男女独立的胶囊旅店。建筑外表皮保留原有的夯土墙面，只打开建筑的东立面，重新植入波形板的透明表皮，与原有厚重且只能开小窗户的墙面形成对比，透明的立面不仅增强室内的采光效果，也暗示了公共空间至私密空间的秩序感，突出了新与旧的关系（图10-20、图10-21）。

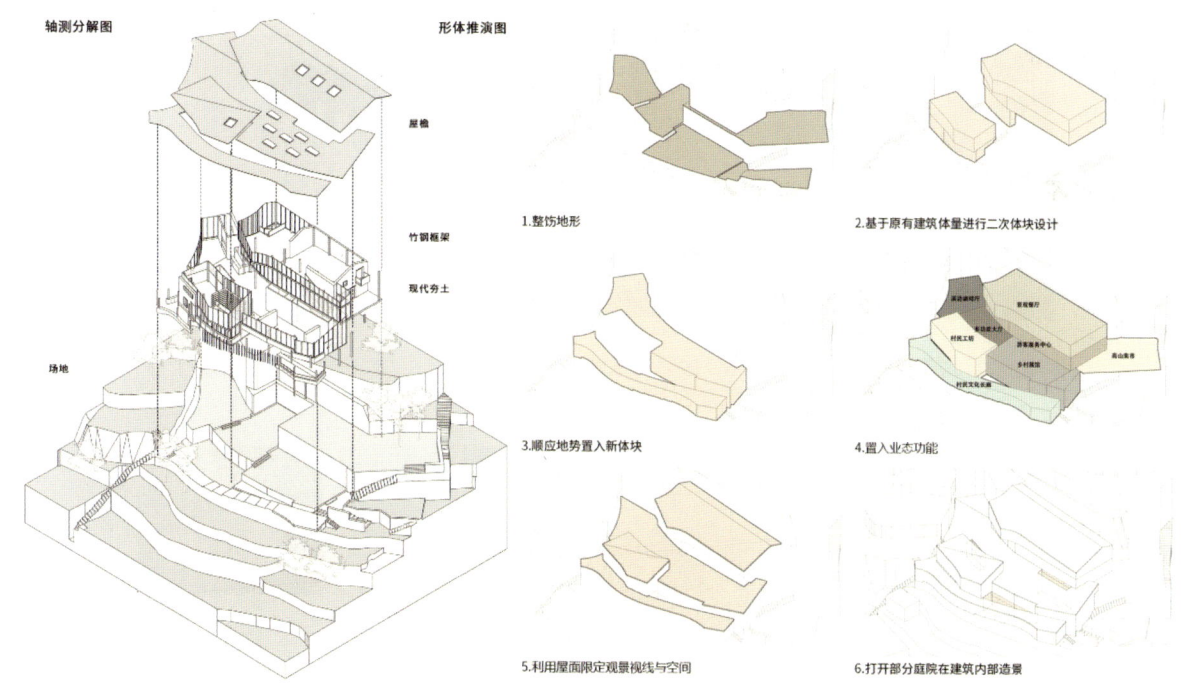

图10-19　"檐间纳景"项目的改造策略示意图

图 10-20　胶囊旅社书店改造后的实景图

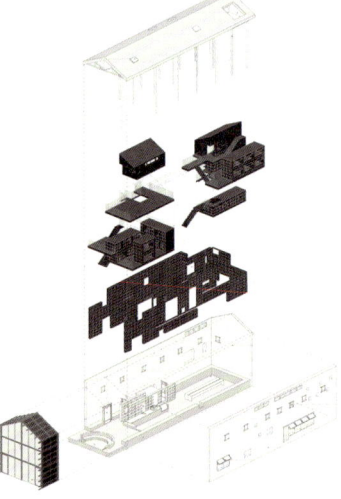

图 10-21　胶囊旅社书店东立面的室内空间与改造分析图

场地现状

图 10-22　"绿由竹园起，香从灵峰来"项目的改造前后对比图

在"绿由竹园起，香从灵峰来"项目中，围绕低能耗和可持续性建筑的概念，在进行改造策略选择时，主要对屋顶和立面表皮进行被动式设计。屋顶采用文丘里帽的形式，开启后可以实现建筑自然通风，提高室内外空气转换率。立面在原有夯土墙上增加一层玻璃幕墙表皮，使用特朗勃墙的原理，减少传统供暖的需求，既保留了其乡土的风貌，又体现现代性的特征（图10-22、图10-23）。

（五）空间加建和扩建

当原有建筑空间不足以承载新功能，可以通过在现有建筑上增加新的结构，以增加空间或功能，也可以采用上层扩建、侧翼增加、增强连接空间、扩大地下空间等方式。同时，改善室外空间，增加庭院、露台、屋顶花园等，以提供额外的休闲和社交场所，并且通过改扩建与周围环境相协调，融入周边景观。以北京乐成四合院幼儿园为例，新建的空间以低矮平缓的姿态环绕着四合院展开，将四合院包围其中。色彩斑斓的幼儿园，与青砖灰瓦的胡同巷弄空间形成了鲜明的对比，很好地融入老城的肌理（图10-24、图10-25）。

在"技艺 / 记忆工坊"项目中，对海门卫城玻璃仪器厂厂区进行改造设计，现将其改造为以玻璃为主题的民俗非遗展览馆。主要设计策略为在建筑群落中增加垂直景观廊道，将各个公共空间有机地串联起来。通过多层次的垂直连接，创造了丰富的空间体验。同时，这些公共空间作为建筑与建筑之间的内庭院，形成了一个整体连贯的互动网络，使原有空间有效拓展，满足新功能的使用（图10-26、图10-27）。

（六）物理性能提升

建筑的物理性能影响人们在空间中的体验和舒适度。尽管在各种历史建筑的类型中都能看到前人营造的智慧，但由于需求的改变，技术的更替，当下的历史建筑在物理性能方面还需要一定的提升和改造。一类是对原有建筑本体的改善，如材料性能改善、门窗采光通风优化等。另一类可以通过加入新的绿色建材、节能技术，如太阳能光伏板、雨水收集系统等，改善建筑物理性能的同时也提升建筑的可持续性。以池州市石台县奇峰村史馆为例，基本思路以结构加固和外墙屋面修复为主，解决老屋漏雨、透风、

结构安全隐患等基本问题。考虑到安徽夏热冬冷的气候特征，在屋顶上对应的每个柱跨内增加了一个侧高窗，以加强室内四季的通风，改变春夏季过度潮湿闷热的室内环境（图10-28～图10-30）。

（七）文化历史价值展示

文化历史价值是历史建筑的重要组成部分，因此如何能更好地对其价值进行挖掘和展示也是核心工作之一。所以历史建筑在活化过程中，先需要对在地的历史建筑进行价值评估，如历史、文化、艺术、科学等各个方面，包括建筑本身的年代信息、风格特征、历史人物和事件等。其次，为了尊重和展示历史建筑的价值，在改造过程中建筑的功能、形式和运营都应该主动回应其本身的价值。以丽水市松阳县大东坝镇油茶工坊为例，建筑原来就是传统油茶制作的工坊，但已荒废多年。通过对建筑原有的历史文化价值进行挖掘，在延续其原来的功能基础上进行扩容改造，将其改造为村民和游客共享的山茶油制作工坊和体验休闲空间，其结构和材料的使用上也基本延续原有的传统木结构和夯土（图10-31、图10-32）。

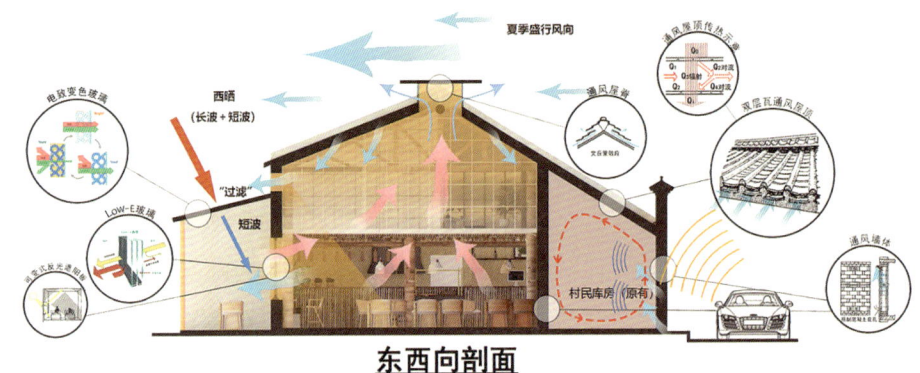

图 10-23 "绿由竹园起，香从灵峰来"项目的改造策略示意图

图 10-24 乐成四合院幼儿园改造后的实景图

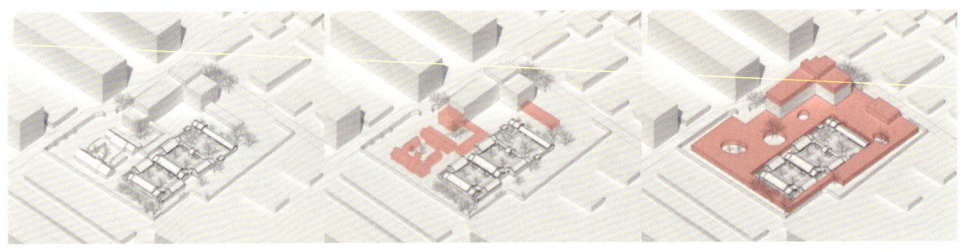

图 10-25 乐成四合院幼儿园的改造分析图

图 10-26　"技艺 / 记忆工坊"项目的设计效果图

图 10-27　"技艺 / 记忆工坊"项目的改造策略示意图

图 10-28　奇峰村史馆改造后的实景图

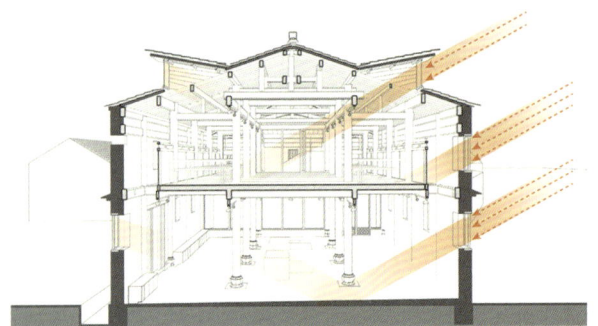

图 10-29　奇峰村史馆改造后的采光分析图

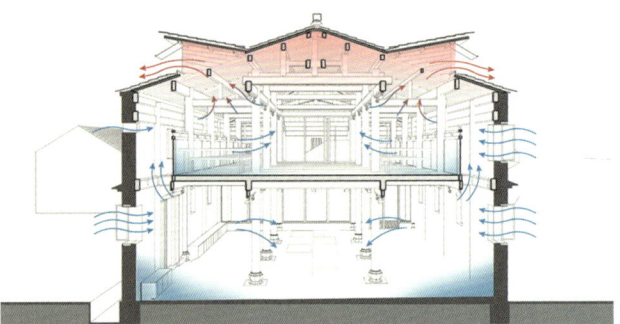

图 10-30　奇峰村史馆改造后的通风分析图

图 10-31　油茶工坊改造后的实景图

（八）创新运营和产权模式

历史建筑产权情况复杂，面对个人、集体和国家所有的不同情况，应采用不同运营模式。当下乡村历史建筑的活化大多是基于乡村振兴和文旅发展的背景下进行的，所以如何解决后期的运营开发问题是工作的难点。常见的有政府主导、商业主导和个人主导模式，而这三种模式都存在一定的弊端，未来联合运营模式的发展会使得运营更加可持续化，而且在业态选择上也更加复合。以台州市黄岩区乌岩头村为例，乌岩头村原来为依托自身资源渐进式发展的内生型农业社区，由于产业经济的改变，其原来的发展模式已不再适用。杨贵庆教授团队在对乌岩头村进行整村活化时，以社会文化为切入点和艺术村落为主题，引入外来新鲜血液，通过社会文化的再生带动产业经济与空间环境的复苏，从而最终实现乌岩头村的整体再生（图10-33、图10-34）。

在"承桂街宋韵，绘宁溪遗风"项目中，为了避免历史古街开发运营的同质化和过度商业化，本次设计立足于宁溪古街的古风雅韵，结合当下的新型文旅开发模式，将古街与剧本杀结合起来，植入沉浸式演绎项目，建立年轻人的文化自信感，让景区的目标人群从游客扩大到"游客＋剧本杀玩家"，带动文旅产业多元化发展（图10-35、图10-36）。

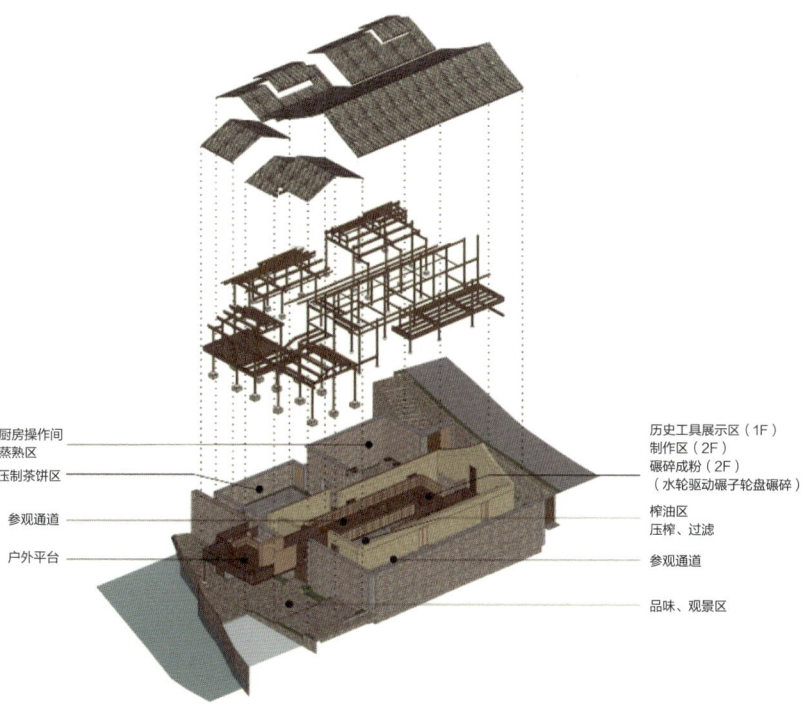

厨房操作间
蒸熟区
压制茶饼区

参观通道

户外平台

历史工具展示区（1F）
制作区（2F）
碾碎成粉（2F）
（水轮驱动碾子轮盘碾碎）

榨油区
压榨、过滤

参观通道

品味、观景区

图 10-32　油茶工坊使用时的室内空间与改造分析图

图 10-33 乌岩头村改造后的鸟瞰图

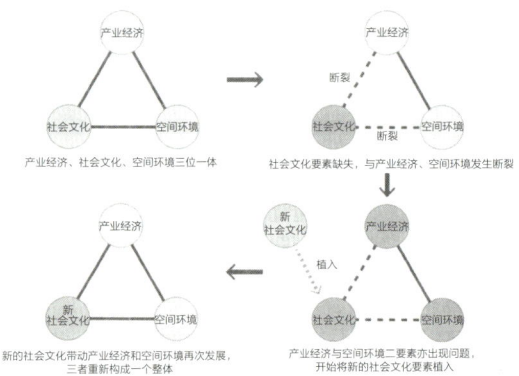

图 10-34 乌岩头村活化所面临问题及解决方案模式图

图 10-35 "承桂街宋韵，绘宁溪遗风"项目的规划设计示意图

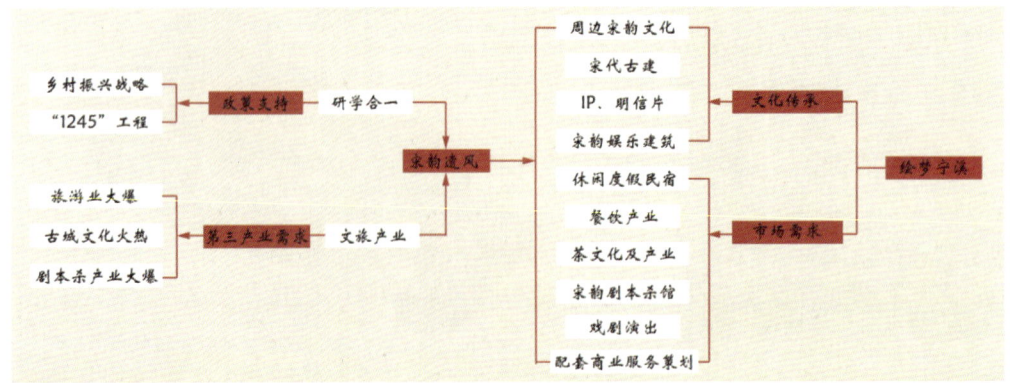

图 10-36 "承桂街宋韵，绘宁溪遗风"项目的运营模式分析图

130

四、乡村历史建筑的活化总结与反思

在乡村振兴和文旅产业的发展背景下，通过发展乡村旅游、文化创意产业等方式，实现乡村历史建筑的活态保护。可以通过政府主导、社会参与、市场运作的方式，实现抢救性保护乡村历史建筑，并带动当地经济社会的发展。

在未来，乡村历史建筑的改造将更加注重可持续发展。在保护历史建筑的基础上，实现其经济、社会和生态效益的协调发展。通过科学合理的规划和改造方式，确保历史建筑得到长期有效的保护和传承。

同时，需要鼓励当地居民参与乡村历史建筑的利用，发挥他们的主体作用和创造力。通过社区参与的方式，可以更好地保护和传承历史文化遗产，同时促进当地经济社会的发展。

积极探索和创新乡村历史建筑的利用模式，结合当地实际情况和市场需求，打造具有地方特色的旅游项目和文化产品。此外，需要加强保护意识、完善法律法规和监管机制，提升技术和管理水平以及探索适合乡村历史建筑保护、改造和利用的新模式。

Practical Guidance for Architectural Design and Planning

Special Topic on "Rural Revitalization"

第十一章

优秀案例篇

一、白鹭归栖 心安吾乡

"白鹭归栖 心安吾乡"是对温岭市坞根镇新方村的村庄规划（图11-1）。新方村是现代新农村，无突出建筑特色。图11-2～图11-5显示的是四张海报，每张海报表达内容清晰，逻辑层层递进：第一张海报对村庄基本现状进行分析，较为全面；第二张海报提炼村庄现状，总结村庄特点，对海边、滩涂、老人、白鹭山等深入分析，并提出设计理念；第三张海报将设计理念落实到空间中，进行村庄规划；第四张海报将村庄整体进行梳理，并提出一日游玩路线。

"白鹭归栖 心安吾乡"设计分析完整，逻辑清晰，概念新颖，获得2018年第一届浙江省乡村振兴创意大赛金奖。

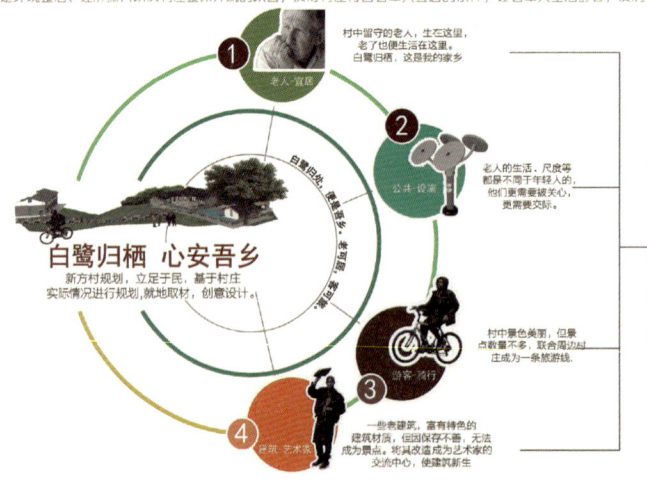

图11-1 "白鹭归栖 心安吾乡"设计概念

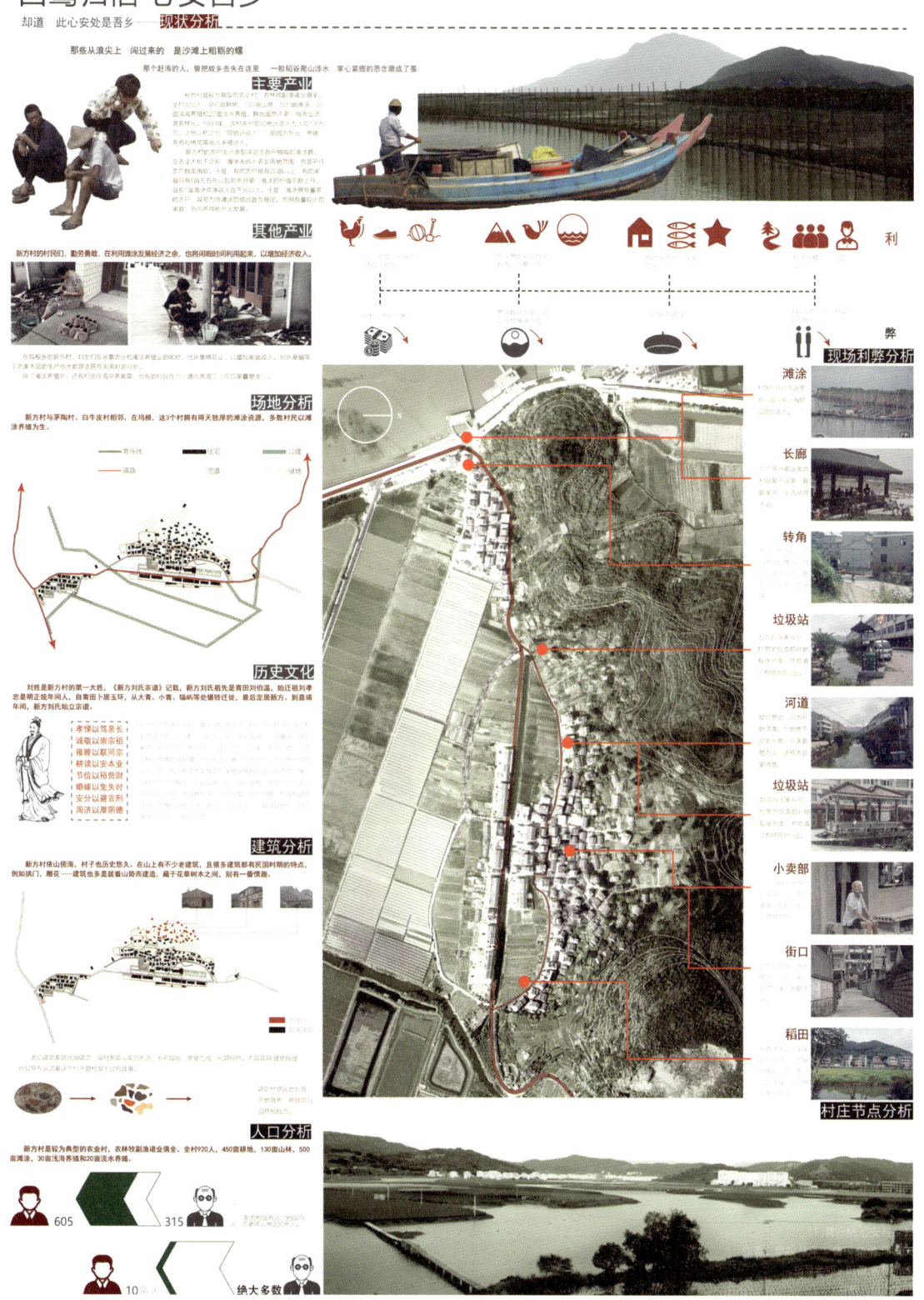

图11-2 "白鹭归栖 心安吾乡"海报1

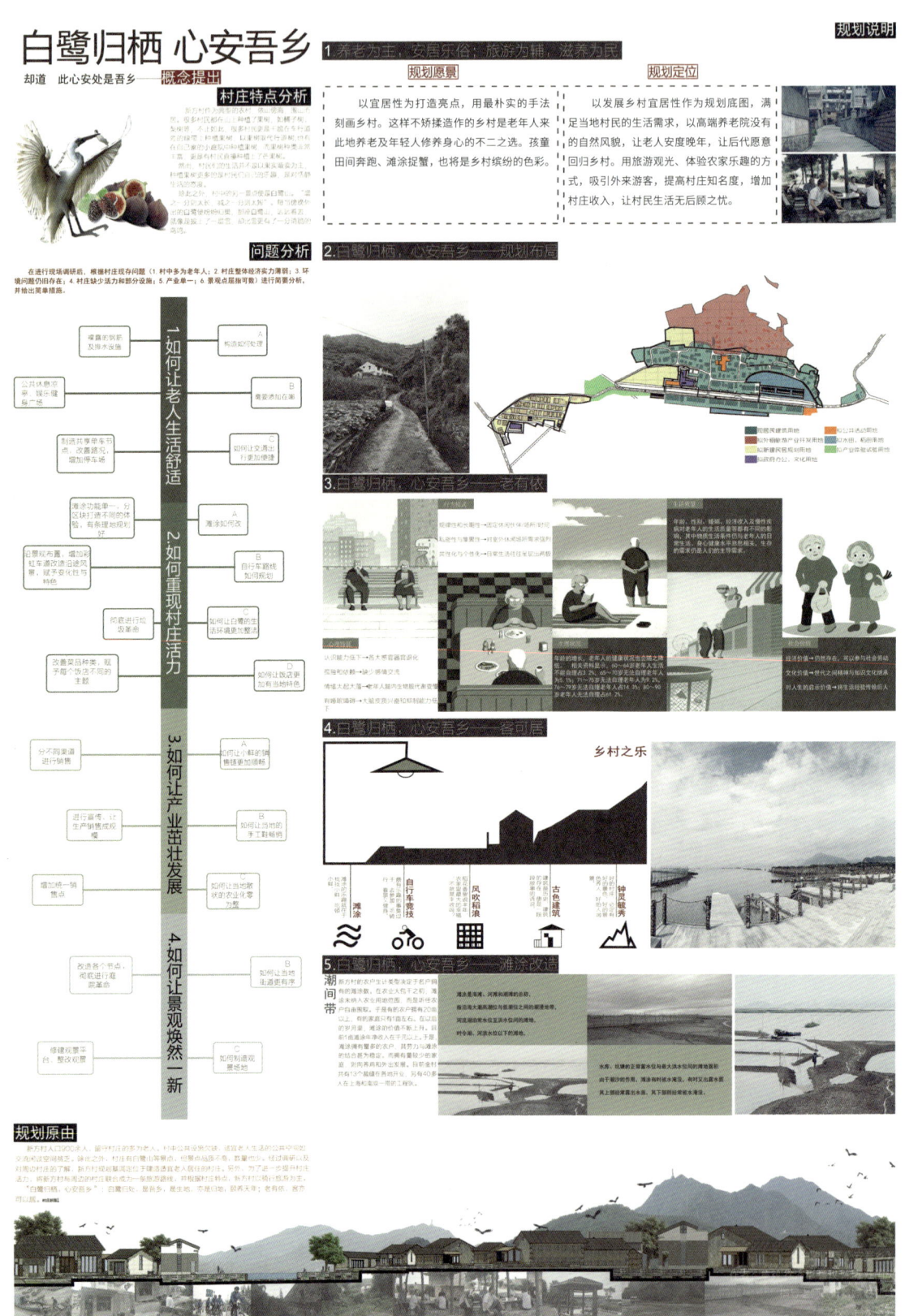

白鹭归栖 心安吾乡

却道 此心安处是吾乡 ——概念提出

图 11-3 "白鹭归栖 心安吾乡" 海报 2

白鹭归栖 心安吾乡

却道 此心安处是吾乡——节点打造

规划适宜老人生活的乡村为主，联合其他村庄打造骑行路线为辅。

亲水平台，骑行道打造

公共交流平台打造

通过现场调研，村中老人留守甚多，老人们喜爱成团聊天解闷，但村中缺少公共交流平台。结合当地特色，采用本土材料，营造交流平台。

村口篮球场改造

村口原有一个篮球场，小而简陋，且村中留守多为老人，不实用。为现将篮球场以及周边场地改造为一个小型广场，置入健身器材，为老年人服务。并且原先的篮球场也不进行拆除，进行修缮，为时常回家看看的年轻人以及小一辈提供游戏场所。

艺术家交流中心打造

村庄原有建筑多为民国时期建筑，艺术感十足，但保存不甚完整。为更好延续建筑艺术性以及村庄活力再现，根据建筑物特色以及村庄环境幽静且宜人的特点，将此改造为艺术家交流中心。

其他改造

村中老人留守甚多，但村中缺少公共交流平台。结合当地特色，采用本土材料，营造交流平台。除此之外，滩涂打造也是必不可少。

规划布局图纸

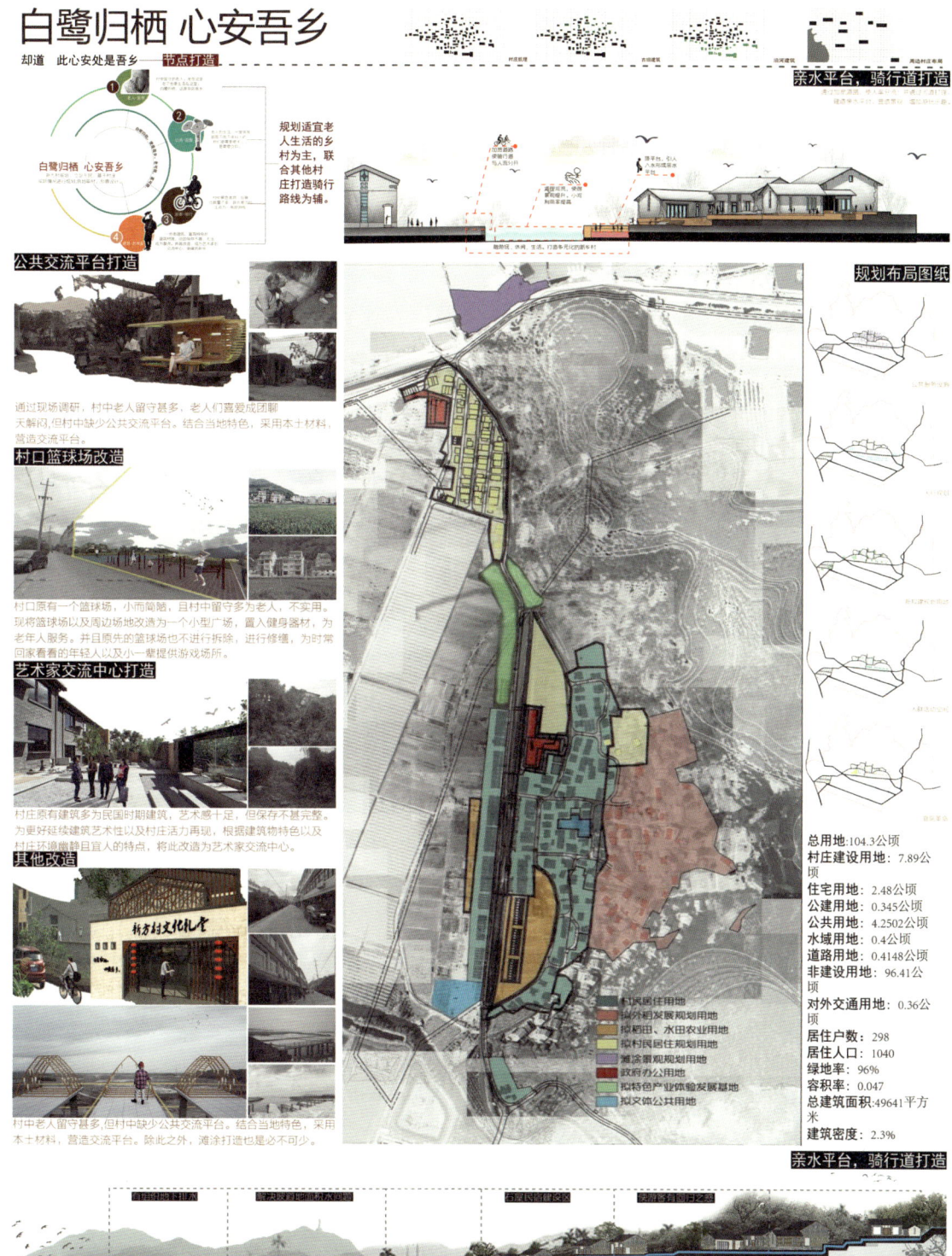

总用地:104.3公顷
村庄建设用地:7.89公顷
住宅用地:2.48公顷
公建用地:0.345公顷
公共用地:4.2502公顷
水域用地:0.4公顷
道路用地:0.4148公顷
非建设用地:96.41公顷
对外交通用地:0.36公顷
居住户数:298
居住人口:1040
绿地率:96%
容积率:0.047
总建筑面积:49641平方米
建筑密度:2.3%

村口居住用地
村外相关发展规划用地
拟稻田、水田农业用地
拟村民居住规划用地
滩涂景观规划用地
政府办公用地
拟特色产业体验发展基地
拟文饰公共用地

亲水平台，骑行道打造

图11-4 "白鹭归栖 心安吾乡"海报3

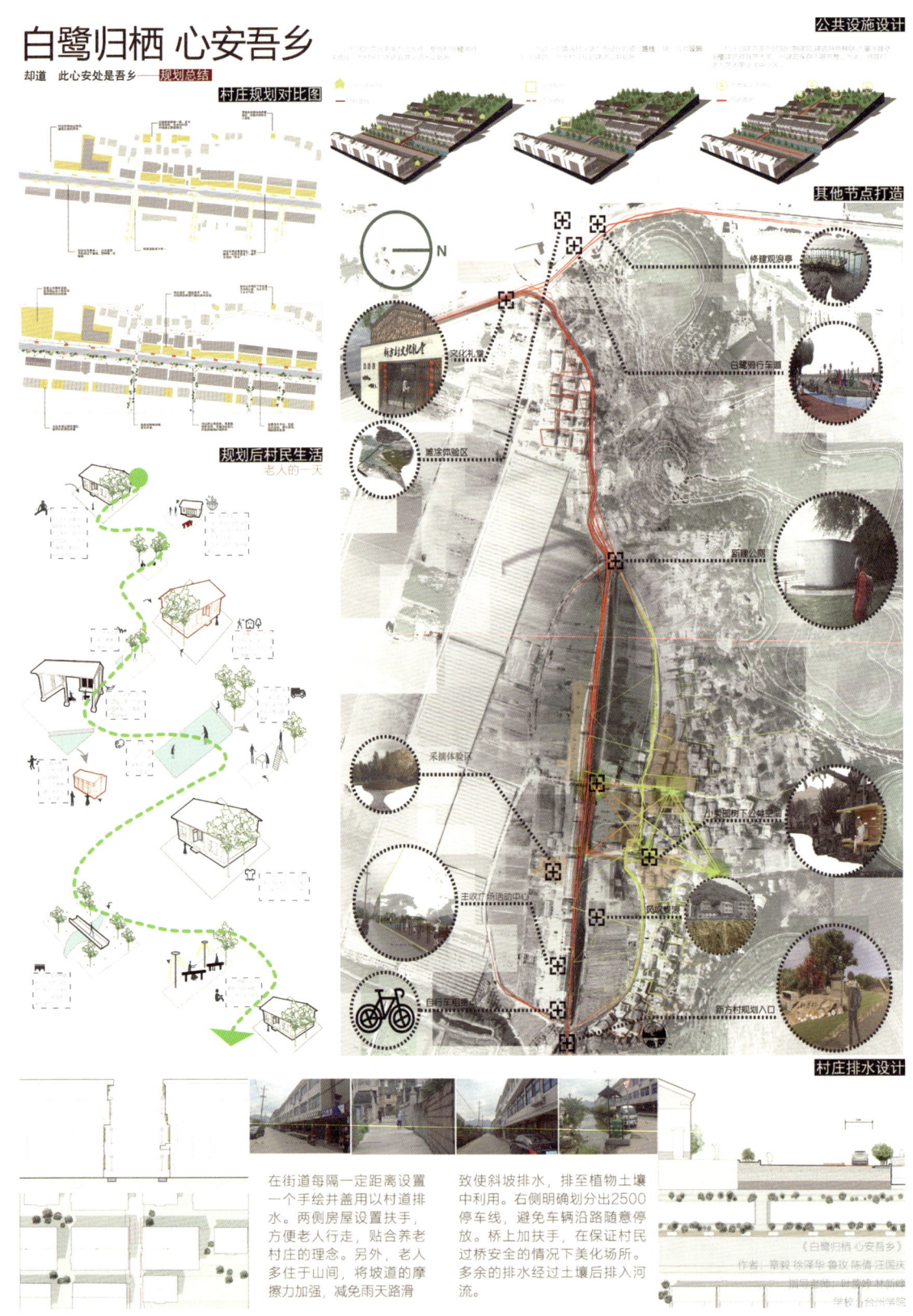

白鹭归栖 心安吾乡

却道 此心安处是吾乡——规划总结

村庄规划对比图

公共设施设计

其他节点打造

规划后村民生活
老人的一天

村庄排水设计

在街道每隔一定距离设置一个手绘井盖用以村道排水。两侧房屋设置扶手，方便老人行走，贴合养老村庄的理念。另外，老人多住于山间，将坡道的摩擦力加强，减免雨天路滑

致使斜坡排水，排至植物土壤中利用。右侧明确划分出2500停车线，避免车辆沿路随意停放。桥上加扶手，在保证村民过桥安全的情况下美化场所。多余的排水经过土壤后排入河流。

《白鹭归栖 心安吾乡》
作者：章毅 埃泽华 鲁玫 陈倩 汪国庆
指导老师：章善林 林剑鸣
学校：台州学院

图 11-5 "白鹭归栖 心安吾乡"海报 4

二、 风动浮竹 新兴方庭

风动浮竹 新兴方庭

"风动浮竹 新兴方庭"是对临海市沿江镇新兴村的庭院改造，庭院基地位于新兴村老村内部，由两间宅基地拆除后形成（图11-6）。新兴老村多见20世纪80－90年代建筑，棋盘状排布，是一个较为普遍的村庄类型。设计时从村庄布局出发，将方正格局运用到庭院设计中，并在凉亭设计时加上"风动浮竹"概念，形成与村民的互动，得到较好的效果。

不同于上个项目，该项目是需要实地建造的，因此在版面制作时，通过"方案设计""施工过程"和"庭院展示"三个方面来梳理逻辑（图11-7）。

"风动浮竹 新兴方庭"设计落地性较高，完成后回访受到村民的喜爱，获得2019年第二届浙江省乡村振兴创意大赛金奖。

『建造过程』

场地从一片废墟，到初具雏形，从一无所有，到细节处处可见。两个月的努力，让方庭焕然一新。

【建造前】

【建造后】

垃圾减量分类放

图11-6 "风动浮竹 新兴方庭"场地建造过程

风动浮竹 新兴方庭

作者：陈洲龙 汪国庆 陈倩
指导老师：林新峰 叶雷婷
学校：台州学院

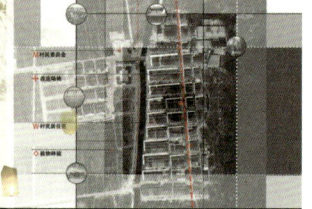

临海新兴村美丽庭院创意设计项目

项目位于临海市新兴村，是以展现乡村风貌、振兴乡村精神为出发点的公共庭院设计项目

方案设计：

理念来源——以村理为底，作弘扬之媒。设计灵感源于村子的方正格局，以及兴盛的象棋文化、党建文化，庭院以"方"为主题，通过添加和组合独立小亭子创建多功能的公共空间。矩廊错落，石跃绿菌；风动浮竹，新兴方庭，方庭以活跃周边环境为目标，以服务居民为理念。庭院中心的方廊由四个大小不一、高低不同的矩形亭子交叠组成。

方庭全景

休憩空间

活力地带

亭下落棋

宁静夜色

错落方庭

方庭立面

俯瞰方庭

施工过程：

七月，方庭开始建造，场地从一片废墟，到初具雏形，从一无所有，到细节处处可见。两个月的努力，让方庭焕然一新。随着构件一点点的搭建完成，方庭孕育而生。

庭院展示：

如今的新兴村，群山良田环抱，庭院美景优胜，鸟语花香，一片祥和，宛若世外桃源，流淌着满满的乡村记忆。……这一切，离不开大寨组委会的辛勤工作，离不开当地干部群众的共同努力，离不开村民们的帮助与建议，更离不开各大高校的努力，以及我校指导老师林老师与叶老师，数月以来的精心指导与全身心的付出。美丽庭院建设，实现乡村振兴，是我们共同的理想和愿景，只有共同努力，才能将理想之光照耀进现实。

谨向为方庭建设给予大力支持的各单位和参与者，表示最诚挚的感谢。

图 11-7 "风动浮竹 新兴方庭"版面

三、 山水画境 竹林茶隐

"山水画境 竹林茶隐"是对临海市尤溪镇坪坑老村入口节点的改造（图11-8～图11-14）。从调研中发现，坪坑村四周被竹林环抱，建筑为重檐屋顶，有世外桃源之感。因此在概念切入时引入宋画，将其打造成宋代乡村意境，并将村庄相关产业进行升级，置入村口空间。最后，将所有设计理念落实到具体的空间中，体现在建筑设计图纸中。

"山水画境 竹林茶隐"获得2021年第四届浙江省乡村振兴创意大赛金奖。

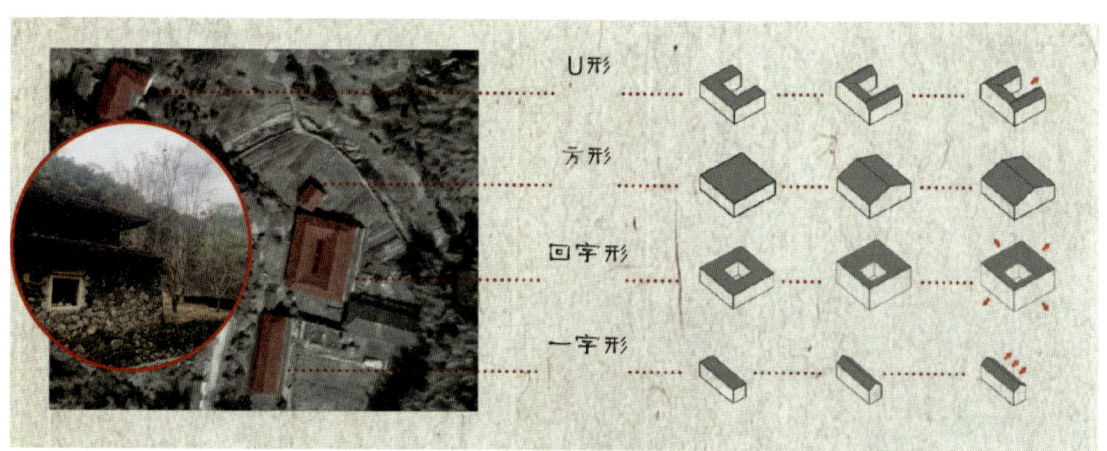

山水画境 · 竹林茶隐　　坪坑村村庄节点优化改造设计项目书

U形

方形

回字形

一字形

特点：

- **依山势而建**的坪坑村传统民居呈现了各色形态，**U形**、**方形**、**回字形**以及**一字形**的民居建筑随处可见。

- 无一例外的是，村内所有建筑都是**重檐屋顶**，透过屋顶望向远山，深远的意境无限放大。

图11-8 "山水画境 竹林茶隐"项目书1

问题发现

人口流失，劳动力外出务工

存在消防隐患

基础设施缺失、老旧

新老建筑风格不统一

农业为主，收入结构单一

古建筑缺少保护

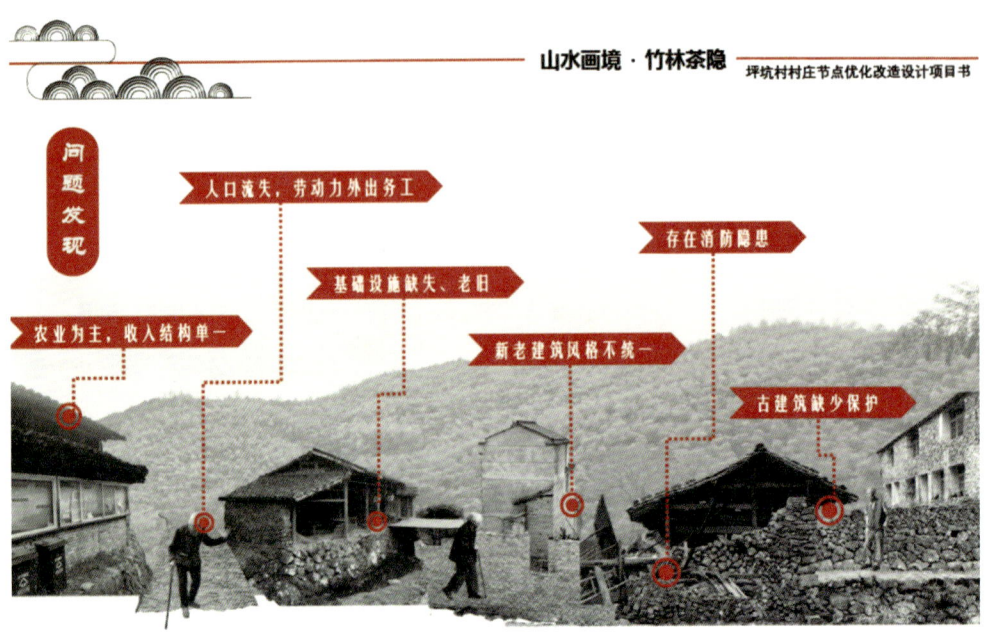

图 11-9 "山水画境 竹林茶隐"项目书 2

概念

概念生成

项目以坪坑村优渥的竹林环境和独特的茶文化氛围为依托，利用山水画技法作为整体规划的手段，设置相应参观景点，打造坪坑八景。达到**山水画境，竹林茶隐**，做到分明画境即梦境，图中风景皆亲历。

山水　坪坑村的自然景色

画境　山水画的技法及意境

竹林　坪坑村具有优渥的竹林环境 可以发展竹制品产业 设计竹景观

茶隐　拥有独特的茶文化氛围 发展茶叶产业 静心清俗

图 11-10 "山水画境 竹林茶隐"项目书 3

山水画境·竹林茶隐

坪坑村村庄节点优化改造设计项目书

形体分析

建筑形体生成

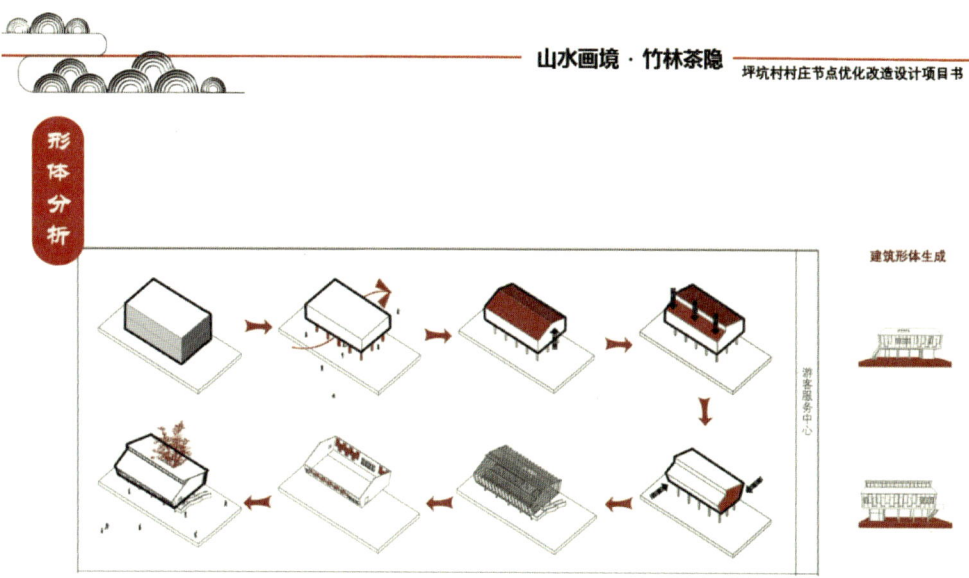

图 11-11 "山水画境 竹林茶隐"项目书 4

山水画境·竹林茶隐

坪坑村村庄节点优化改造设计项目书

效果展示

小学原址改造部分

图 11-12 "山水画境 竹林茶隐"项目书 5

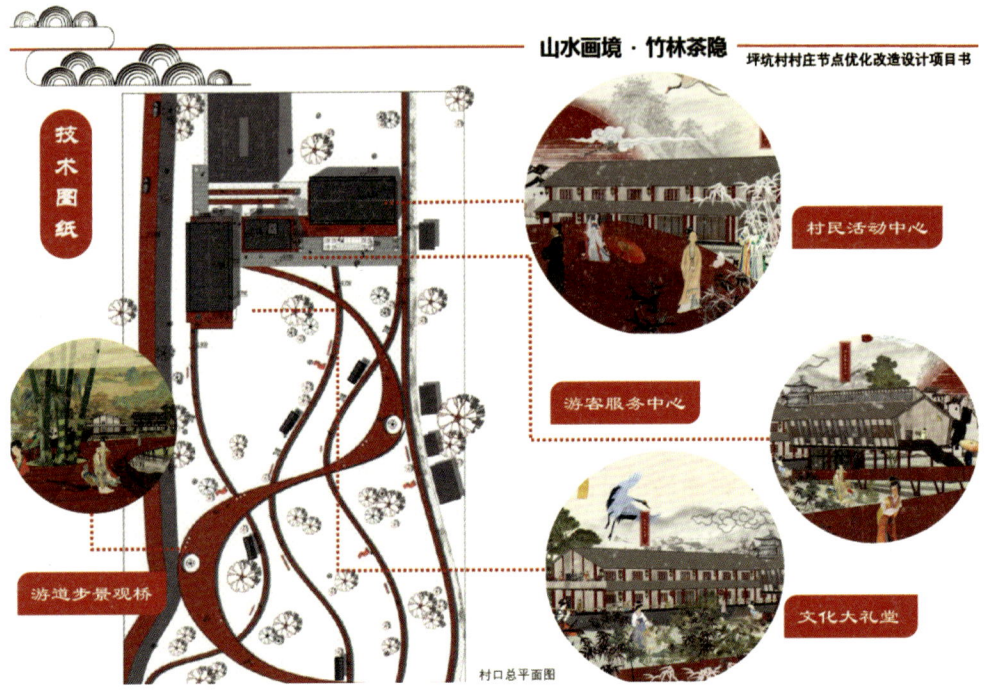

图 11-13 "山水画境 竹林茶隐"项目书 6

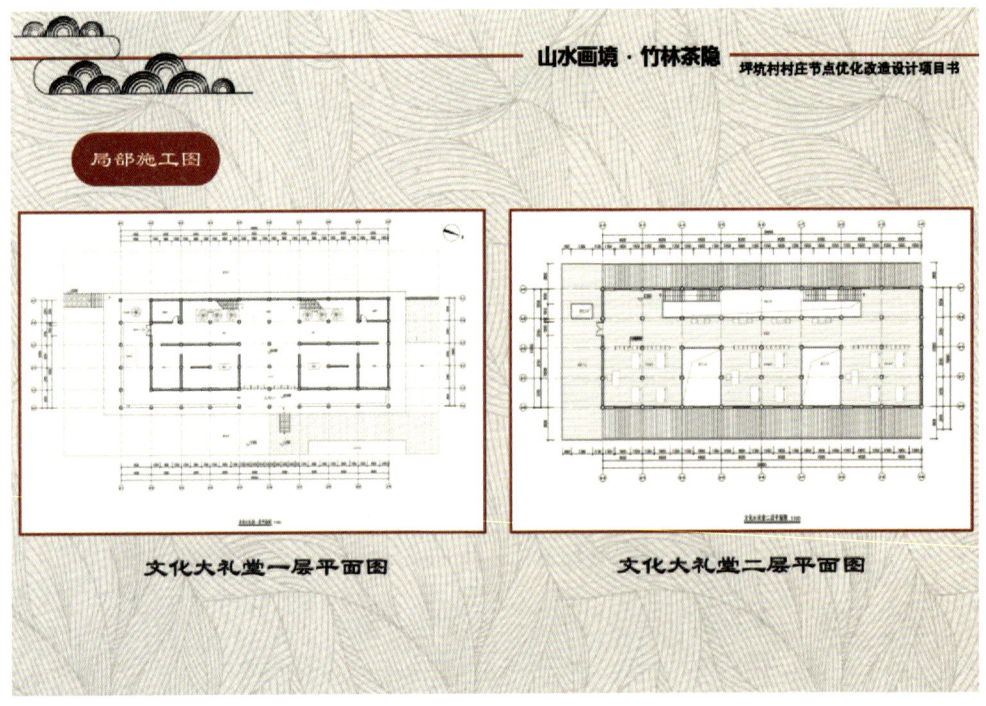

图 11-14 "山水画境 竹林茶隐"项目书 7

四、鹭隐归亭 光洒竹影

"鹭隐归亭 光洒竹影"是对浙江省德清县三林村原垃圾堆放空间的庭院改造（图11-15～图11-23）。改造时保留原有的青砖墙面和干草，并选用当地的木材、石材等。项目分为"百鸟驿站"和"归亭"两个部分。"百鸟驿站"部分，通过鸟巢肌理的简化形成建筑形态，结合"鸟巢"编织灯、隐匿在草丛里的小鸟模型和二维码、墙面彩绘和"鸟巢"状摇椅，形成"遨游山水、融于自然"的独特感受；"归亭"部分，通过保留原有矮墙，置入无人售卖功能，形成驿站。

遗憾的是，由于竞赛组委会和村庄协调方面的问题，该项目未能成功建设。

"鹭隐归亭 光洒竹影"获得2021年第四届浙江省乡村振兴创意大赛金奖。

原场地是一个废弃的大型垃圾场，四周围护了低矮青砖墙，其中还有一个简陋的茅草亭，水泥地面，废弃物、泥土繁多。西面、北面与马路相邻，东邻白墙，南面是一块小场地。

图11-15 "鹭隐归亭 光洒竹影"三林村

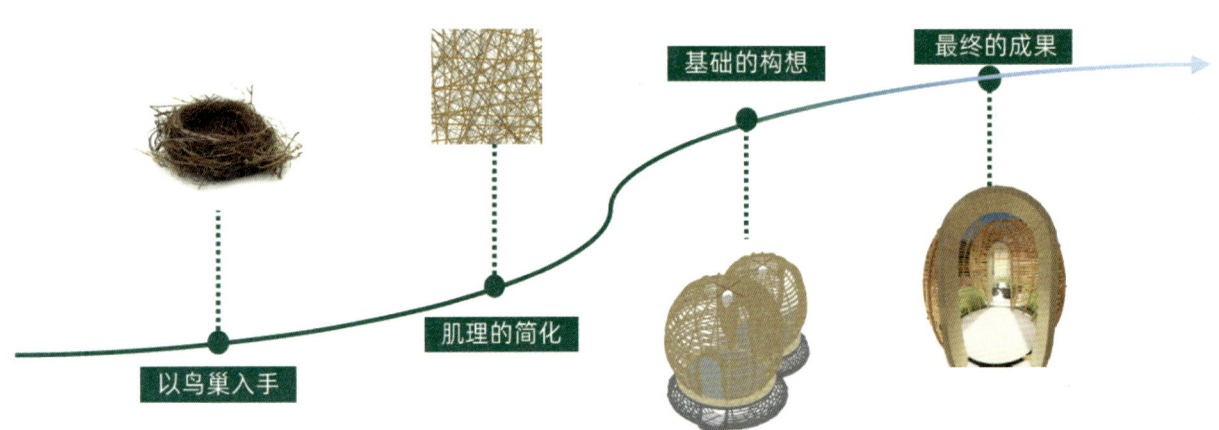

以鸟巢入手　肌理的简化　基础的构想　最终的成果

希望以**巢穴**的形态提供**庇护感**，最大限度地给予人脱离和放松的气息，在精神、身体和灵魂之间达到平衡，希望可以给三林村带来**年轻的气息**，吸引本地年轻人才归来。

图 11-16 "鹭隐归亭 光洒竹影"鸟巢构想

选用当地木材、石材等，成本较低、运输方便。保留原有青砖墙面、干草，给人独特的视觉体验，对应归亭竹影的斑驳给人独特的光影体验，加之识百鸟的别样体验及飞鸟形态的流线，归亭真正给人以遨游山水、融于自然的独特感受。

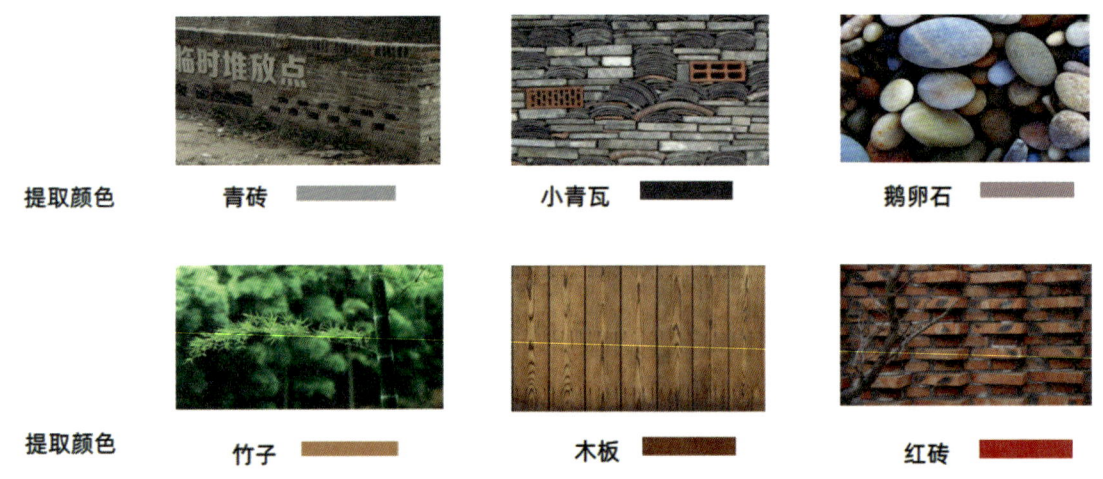

提取颜色　青砖　　　　　　　小青瓦　　　　　　鹅卵石

提取颜色　竹子　　　　　　　木板　　　　　　　红砖

图 11-17 "鹭隐归亭 光洒竹影"提取颜色

小鸟模型隐匿于草丛，并附上二维码以便扫码了解当地鸟类。

庭院挂上"鸟巢"编织灯，点缀归亭并提供照明，给人隐隐约约温暖的感觉。

庭院中的摇椅供人聊天休息，增加空间的趣味性。

绘画美化一旁的墙面，以图案绘制，为庭院增添色彩。

图 11-18 "鹭隐归亭 光洒竹影"灵感来源 1

① 银杏
② 栀子花
③ 金丝桃
④ 秋英

改造效果图

图 11-19 "鹭隐归亭 光洒竹影"灵感来源 2

①就地取材，多用竹条或木条制作出隔栅效果，编制曲线"鸟巢"，以遮挡及营造若隐若现的视觉体验。

②将驿站置入休闲空间，让游客及当地居民在休憩的同时，可以购买饮品、当地特色产品或是伴手礼。

③保留原有的特色墙面，继承乡村风格，选取当地的旧砖瓦进行附加修饰，形成波浪山墙效果。

④收集本地鹅卵石对庭院路面进行打造，铺设白鹭展翅形态的曲线路面。

⑤美化一旁的墙面，给庭院丰富色彩，加以图案修饰。与景观呼应打造良好的视觉效果。

图 11-20 "鹭隐归亭 光洒竹影"灵感来源 3

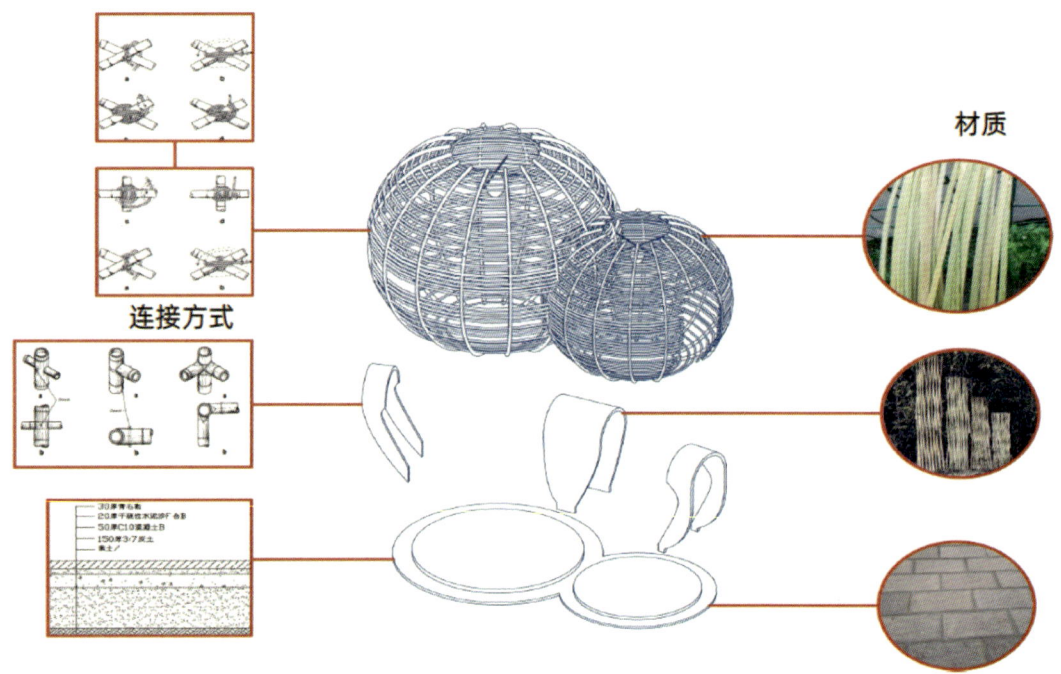

图 11-21 "鹭隐归亭 光洒竹影"实施方案

归亭

图 11-22 "鹭隐归亭 光洒竹影"之"归亭"

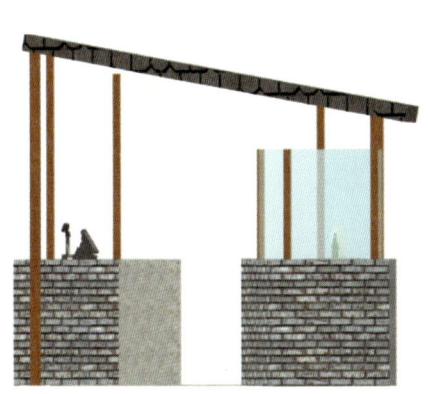

百鸟驿站

图 11-23 "鹭隐归亭 光洒竹影"之"百鸟驿站"

原状保留

原有卵石铺装　　　　　　原场地高差　　　　老桂树　　　　　　原有菜地功能

图 11-24 "三山三门 桂落东澄"原状保留

桂落栖园

以老桂树为核心
打造半围合庭院空间

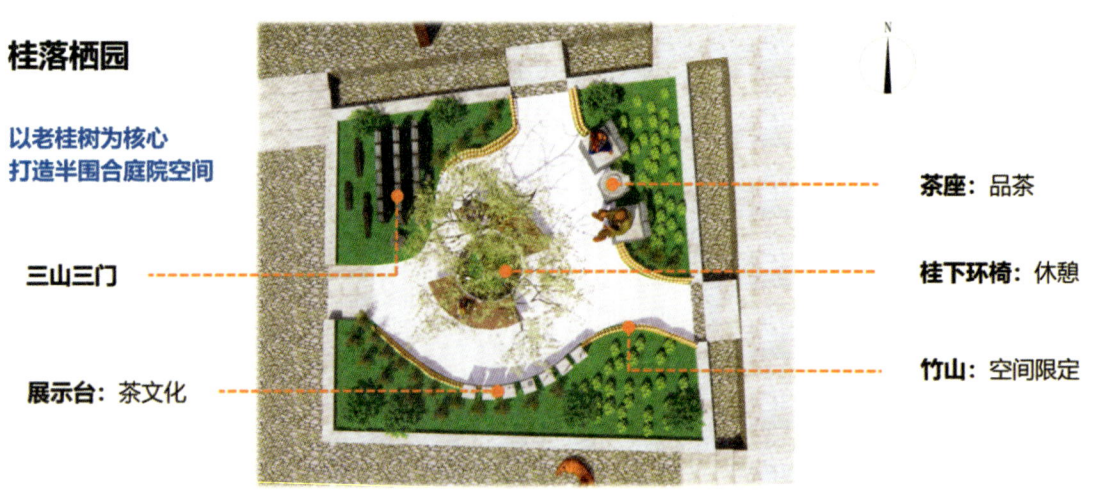

三山三门

展示台：茶文化

茶座：品茶

桂下环椅：休憩

竹山：空间限定

图 11-25 "三山三门 桂落东澄"总体规划

五、三山三门 桂落东澄

"三山三门 桂落东澄"是对位于绍兴东澄古村的一处庭院改造（图11-24～图11-31）。在设计改造时，保留原有卵石铺装、原场地高差、桂树以及原有菜地功能。该空间被"竹山"划分为4个区域：中部的"树下环椅"休息区、南部的茶文化展示区、西北部的"三山三门"区和东北部的"茶座"品茶区。最后，将村口百年古樟上的祈福牌和祈福带意向引至院中。

"三山三门 桂落东澄"通过学生设计和当地工人的实地建造，获得2021年第四届浙江省乡村振兴创意大赛金奖。

树下环椅

树下好乘凉，两个环形椅子围合桂树，形成树底下的**休憩**空间

图11-26 "三山三门 桂落东澄"树下环椅

茶文化展示台

图 11-27 "三山三门 桂落东澄"茶文化展示台

茶座

青砖镂空，石磨茶盘

图 11-28 "三山三门 桂落东澄"茶座

竹篱

- 山形意向
- 空间限定

白砂石

- 提高庭院的**亮度**
- 防滑
- 排水下渗

图 11-29 "三山三门 桂落东澄"竹篱与白砂石

融合与共生

保留原有菜地功能，使得村民能够**自发打理**
菜地本是一道非常靓丽的**田园风景**

图 11-30 "三山三门 桂落东澄"融合与共生

心愿与祝福

村口的百年古樟上挂满了**祈福牌与祈福带**
我们把这个意向引至院中

图 11-31 "三山三门 桂落东澄"心愿与祝福

60岁以上老人占
现居居民的**70%**以上

80%以上的
原住居民已经迁出

**村庄空心化、老龄化
问题严重！**

图 11-32 "山海三门 风韵平岗"现状分析

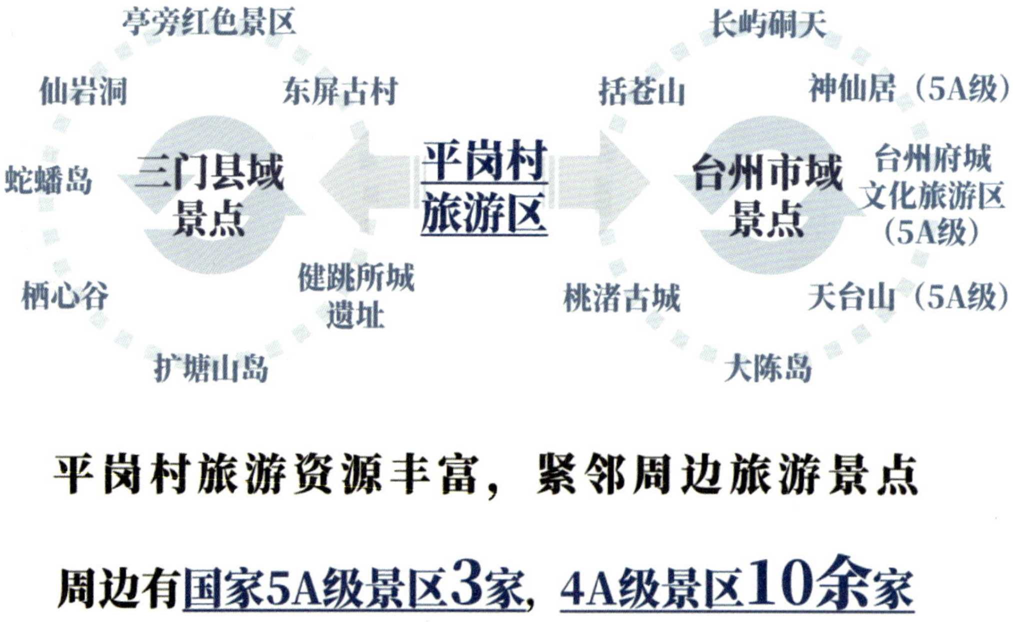

亭旁红色景区   长屿硐天

仙岩洞   东屏古村   括苍山   神仙居（5A级）

蛇蟠岛   **三门县域
景点** ← **平岗村
旅游区** → **台州市域
景点**   台州府城
文化旅游区
（5A级）

栖心谷   健跳所城
遗址   桃渚古城   天台山（5A级）

扩塘山岛   大陈岛

平岗村旅游资源丰富，紧邻周边旅游景点

周边有国家5A级景区3家，4A级景区10余家

图 11-33 "山海三门 风韵平岗"资源分析

六、 山海三门 风韵平岗

山海三门 风韵平岗

"山海三门 风韵平岗"是针对三门县健跳镇平岗村的旅游规划（图11-32～图11-48）。该村风景资源较好，但老龄化问题严重，村庄周边有较多的旅游景区。

该项目依靠山海特色，打造旅游村庄，形成"场景仙""游览闲""美食鲜""体验先"四大主题，并结合原有自然村落，打造"海洋特色研学区""滨海休闲游憩区"和"海韵风情观光区"三大区域。

"场景仙"方面，"海韵风情观光区"将海岸线串珠成链，形成滩涂驿站游客中心、特色观海平台、滨海休闲栈道，在"滨海休闲游憩区"设置海角邮局、听海书吧、滨海露营营地、海景餐厅、海景民宿等，在"海洋特色研学区"设置户外文化课堂、海洋文化讲座、滩涂赶海体验、小小渔夫体验等。"游览闲"方面，形成亲子研学（文化课堂、滩涂捕捞体验、参观海鲜加工、知识讲座、DIY手工坊）、休闲观光（海景民宿、观海平台、滨海露营体验、听海书吧、海景餐厅、滩涂驿站）、康体养生（滨海休闲步道、海景民宿、居住组团、运动公园、康养讲座、街心花园）三大游线，并安排新春灯会、祭祖典仪、开渔节祭海、滩涂音乐节、山海露营节、滩涂赶海节、逐月节等节庆活动。"美食鲜"方面，结合家庭作坊、组团工坊和村集体渔业服务中心，联合一、二、三产，让村庄产业得到升级，让平岗美食鲜得更远。"体验先"方面，开发"云游平岗"微信公众号，通过云上观景、活动预约、智慧停车管理等，让游客获得更好的体验。

"山海三门 风韵平岗"获得2022年第五届浙江省乡村振兴创意大赛金奖。

图11-34 "山海三门 风韵平岗"实景图

平岗 Xian 计划

场景 游览 美食 体验
仙 闲 鲜 先

平岗村休闲文化旅游区规划

图 11-35 "山海三门 风韵平岗""平岗 Xian 计划"

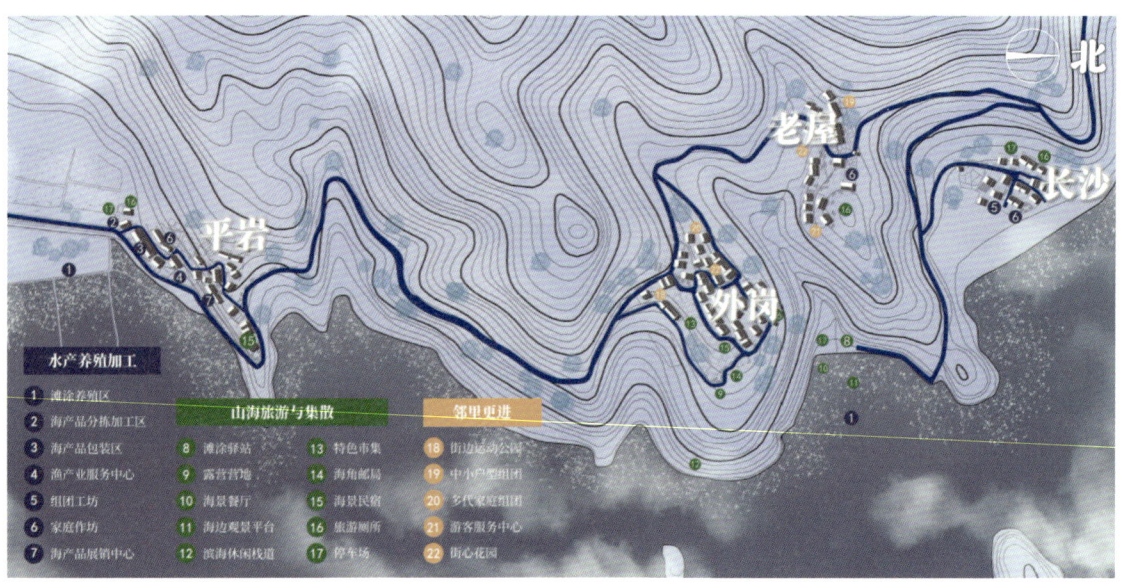

图 11-36 "山海三门 风韵平岗"山海特色

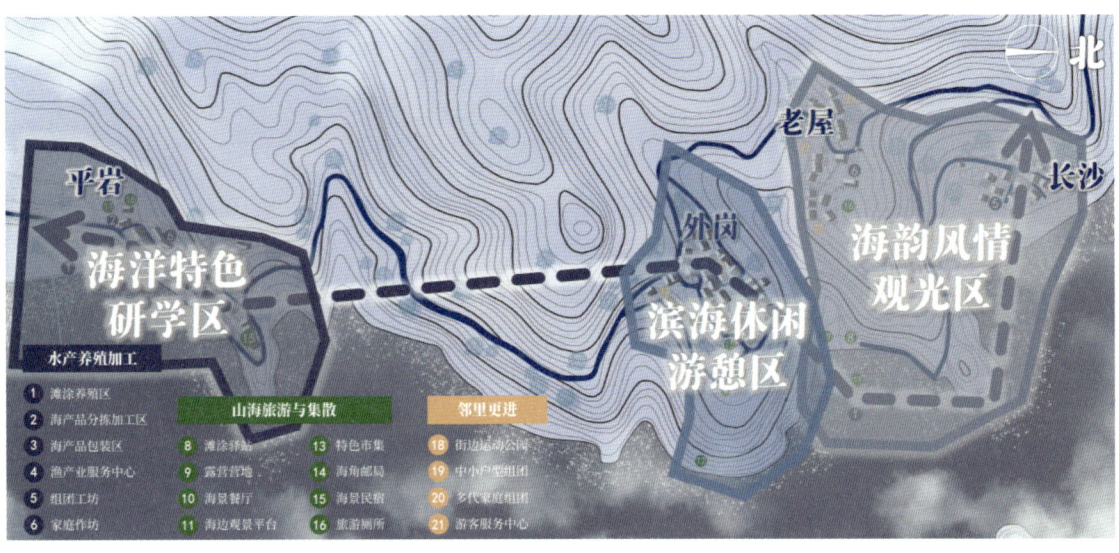

水产养殖加工

① 滩涂养殖区
② 海产品分拣加工区
③ 海产业服务中心
④ 渔产业服务中心
⑤ 组团工坊
⑥ 家庭作坊

山海旅游与集散
⑧ 滩涂驿站
⑨ 露营营地
⑩ 海景餐厅
⑪ 海边观景平台
⑬ 特色市集
⑭ 海角邮局
⑮ 海景民宿
⑯ 旅游厕所

邻里更进
⑱ 街边活动公园
⑲ 中小户型组团
⑳ 多代家庭组团
㉑ 游客服务中心

图 11-37 "仙"在平岗：功能区块划分

图 11-38 "仙"在平岗：海韵风情观光区

图 11-39 "仙"在平岗：滨海休闲游憩区

图 11-40 "仙"在平岗：海洋特色研学区

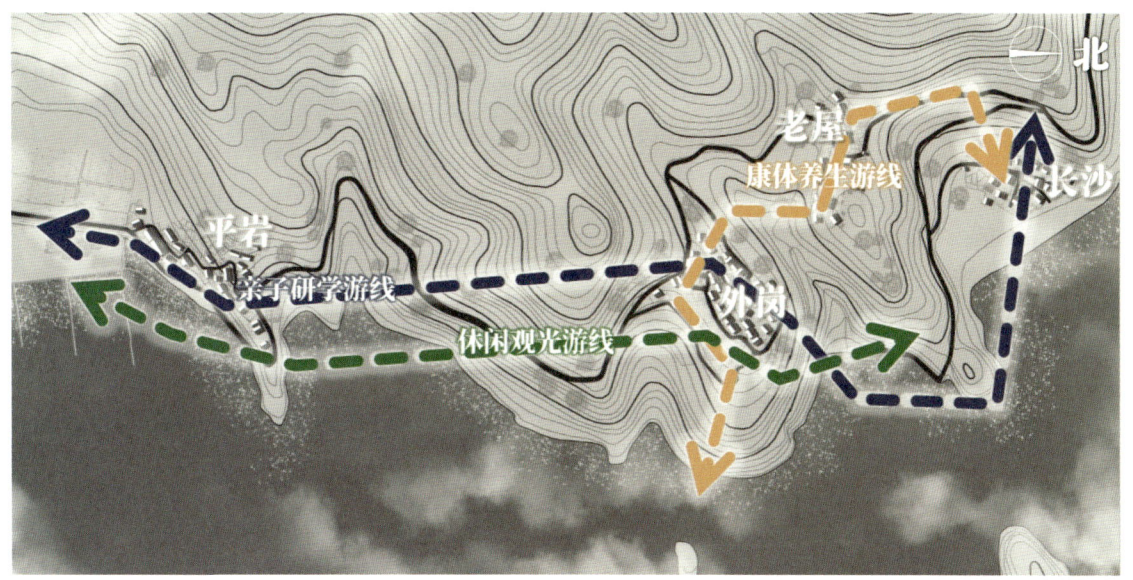

图 11-41 "闲"在平岗：游线设计总览

图 11-42 "闲"在平岗：移步换景，引人入胜

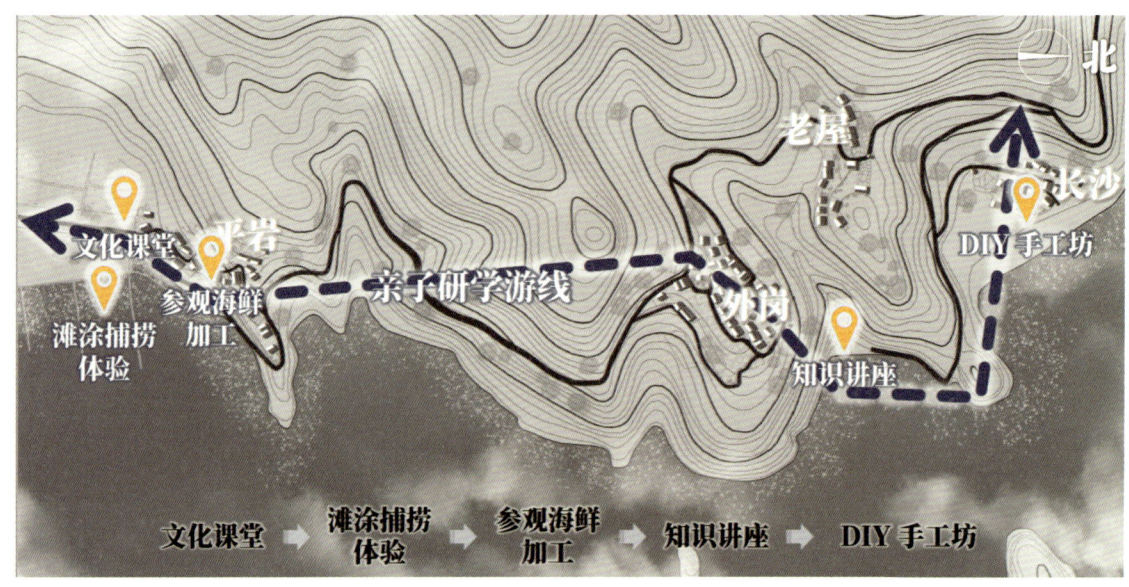

图11-43 "闲"在平岗：亲子研学游线

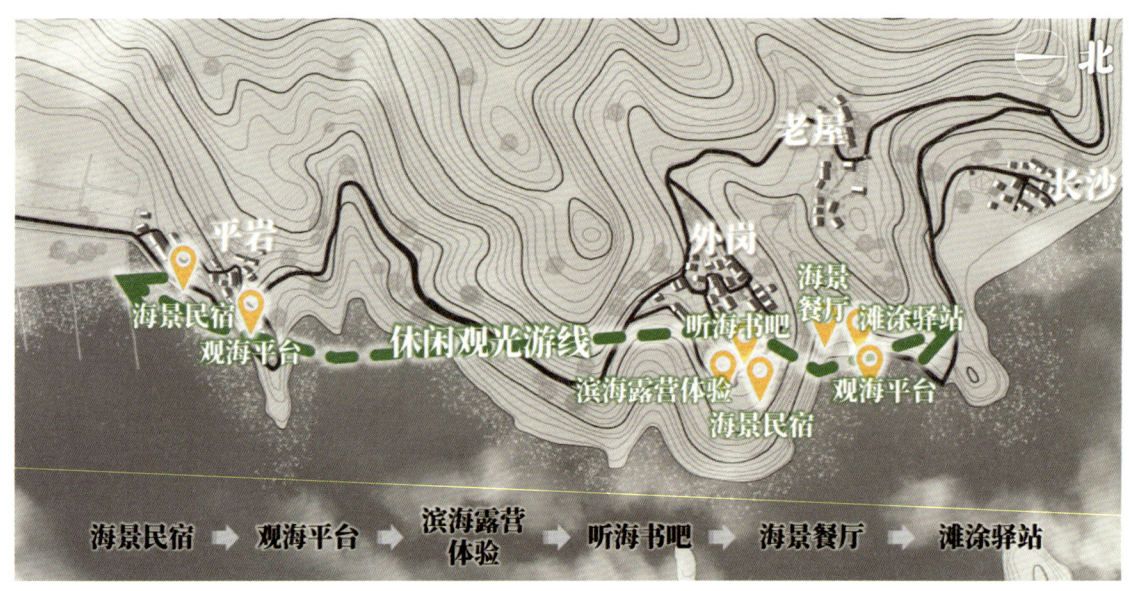

图11-44 "闲"在平岗：休闲观光游线

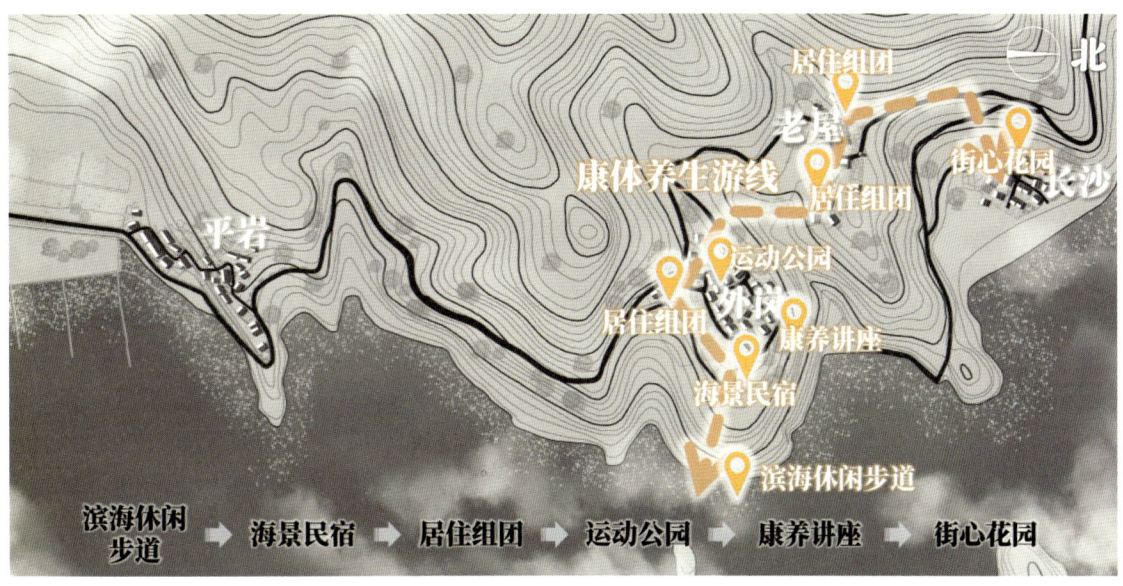

图 11-45 "闲"在平岗：康体养生游线

节事节庆时间轴：

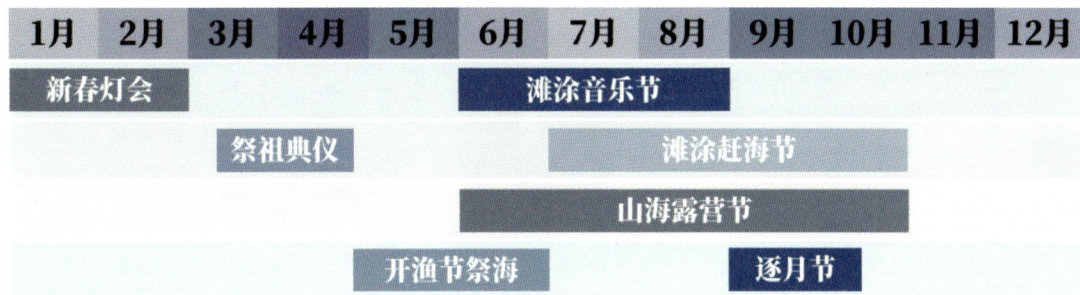

主题活动概览：

图 11-46 "闲"在平岗：节事节庆与活动策划

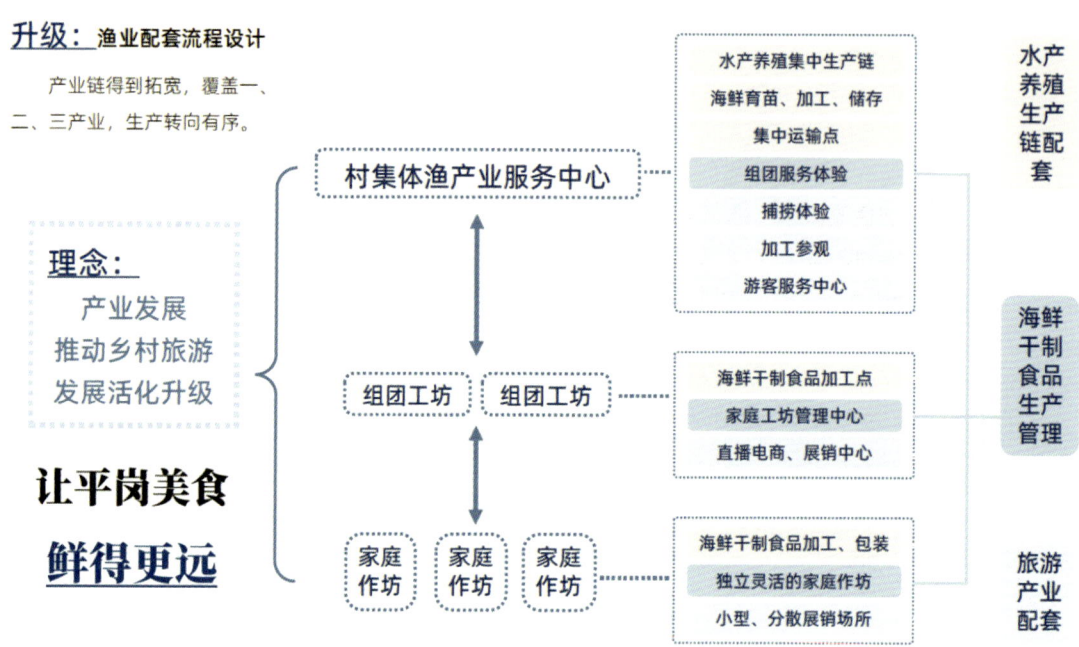

图11-47 "鲜"在平岗：渔业产业链有机拓展

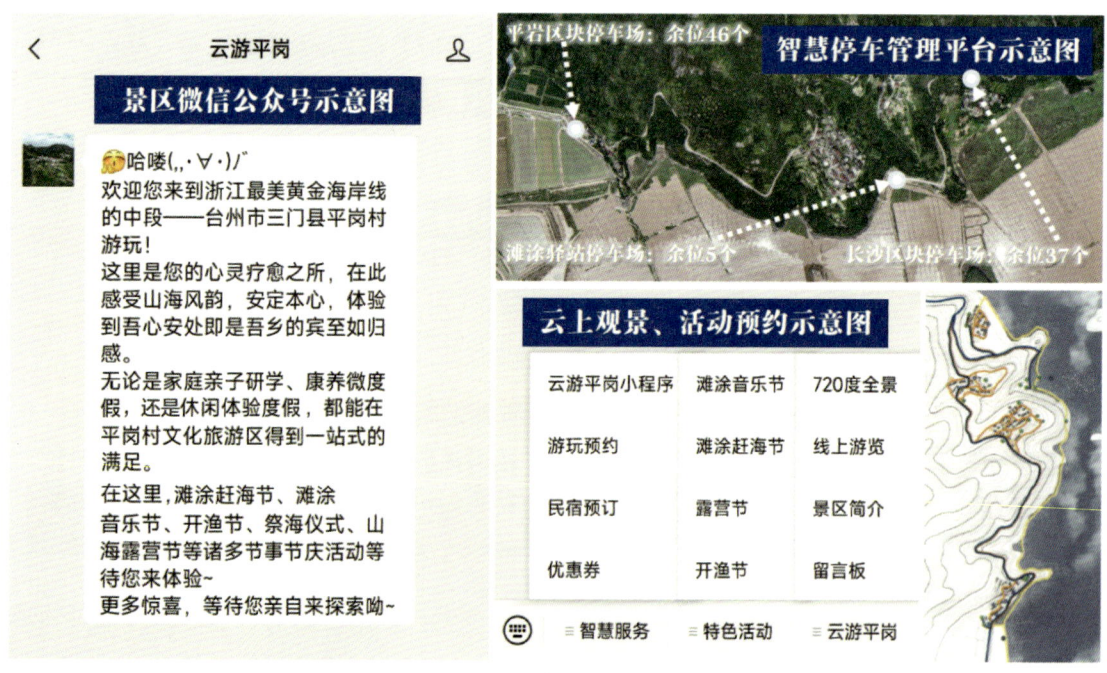

图11-48 "先"在平岗：智慧服务平台

七、 旧隅新生——基于绿色改造的乡村传统民居活化

"旧隅新生——基于绿色改造的乡村传统民居活化"的改造对象位于天台县平桥镇山庵村（图11-49～图11-70）。项目毗邻多个传统村落，风景秀丽，生态良好。该村主要人群除了原住民和周边居民，还有家庭亲子游客、康养休闲游客、采风取景艺术家和一些青年游客等。项目通过功能置入，材料上结合现代玻璃及混凝土，并融入绿色技术，让新与旧进行充分融合。

建筑功能布局方面，从剧本体验的青年人角度，在一层置入八个剧本杀体验馆；从家庭游玩、亲子互动及研学人群角度，在一层置入民俗文化展览馆、休闲娱乐活动区及文创产品区等；从康体养生、旅游体验人群角度，在一层和二层共置入八间民宿、四间茶室。建筑剖面改造方面，整体保留原有建筑结构体系，使各区块对庭院都有一个较为良好的景观视野。建筑立面改造方面，基本保留原有样式，对局部损毁区域采用原材料砖、木、石等进行修补。绿色建筑改造方面，通过特朗勃墙的设置，有效控制室内外温差，被动式收集太阳能为室内供暖；结合庭院土壤及周边林木不同的热惰性，利用热压形成环流进行室内微气候的改善；屋顶进行有组织排水；夏季通过窗户开合实现室内外通风，冬季形成温室实现室内热循环。

"旧隅新生——基于绿色改造的乡村传统民居活化"获得2023年第六届浙江省乡村振兴创意大赛金奖。

砖石民居

木构民居

砖木混合民居

图11-49 "旧隅新生—— 基于绿色改造的乡村传统民居活化"民居类型

图 11-50 "旧隅新生—— 基于绿色改造的乡村传统民居活化"功能置入

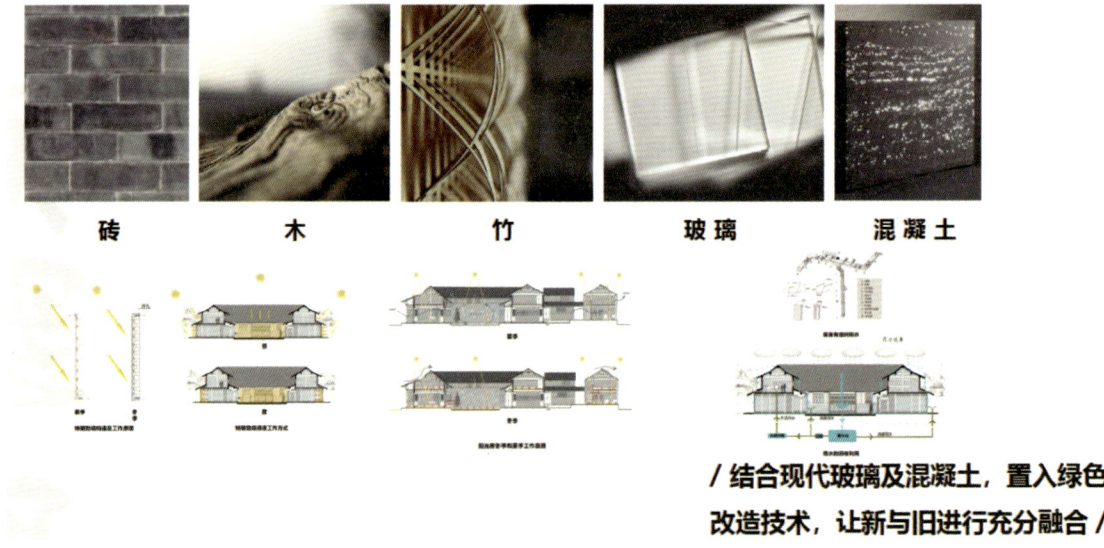

图 11-51 "旧隅新生—— 基于绿色改造的乡村传统民居活化"绿色改造

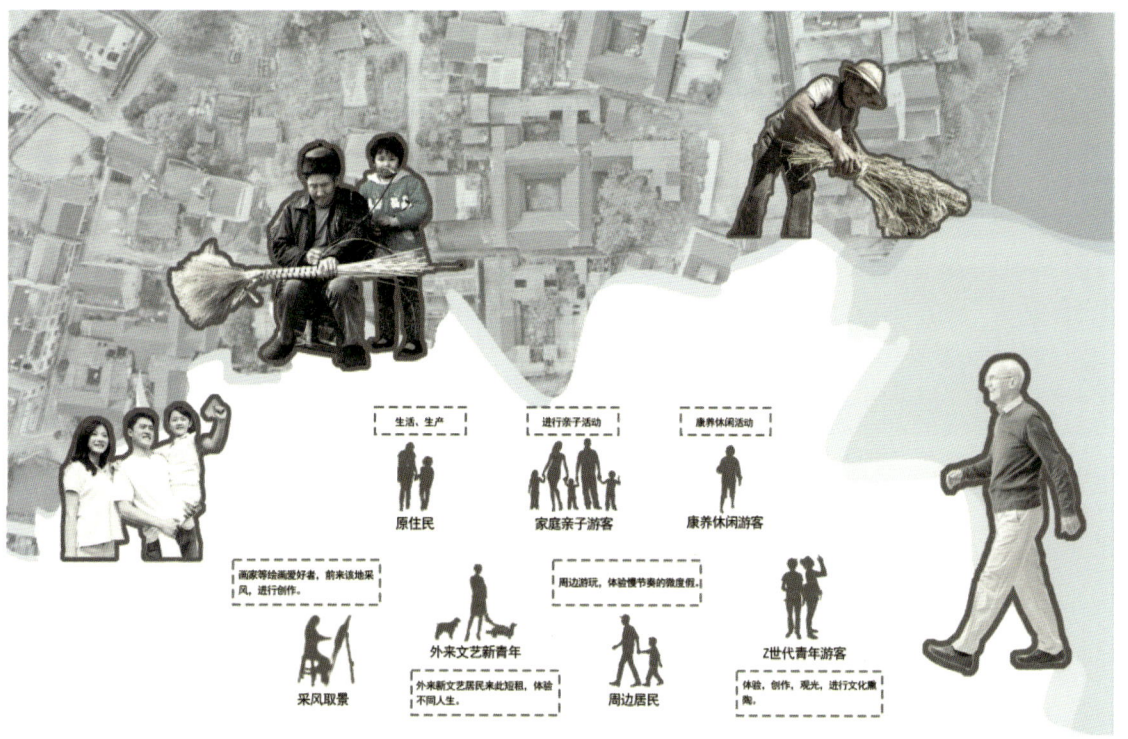

图 11-52 "旧隅新生—— 基于绿色改造的乡村传统民居活化"人群分析

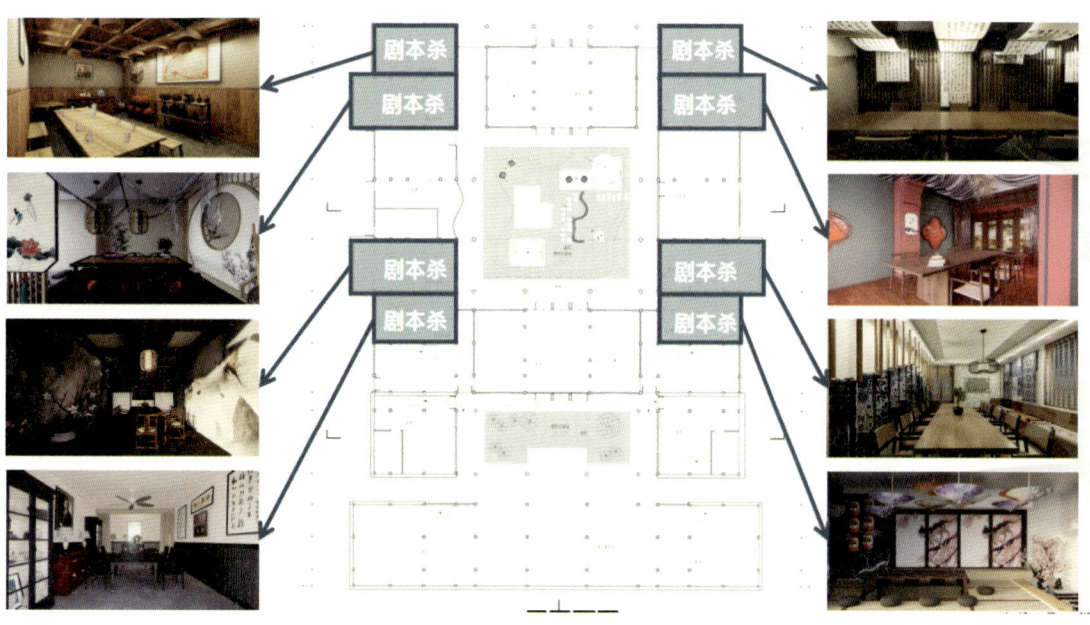

图 11-53 "旧隅新生—— 基于绿色改造的乡村传统民居活化"剧本杀体验馆

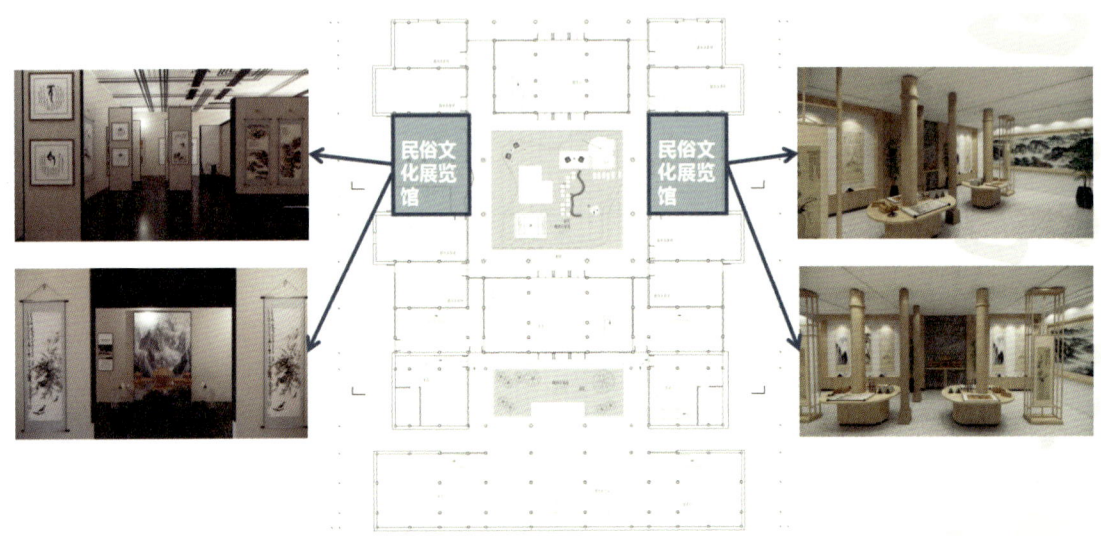

图 11-54 "旧隅新生——基于绿色改造的乡村传统民居活化"民俗文化展览馆

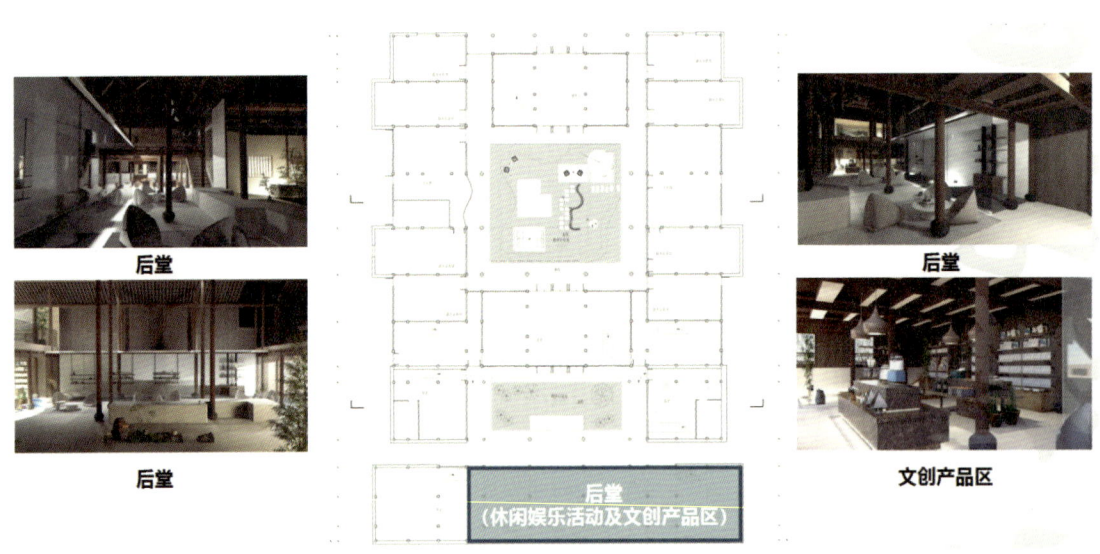

图 11-55 "旧隅新生——基于绿色改造的乡村传统民居活化"后堂

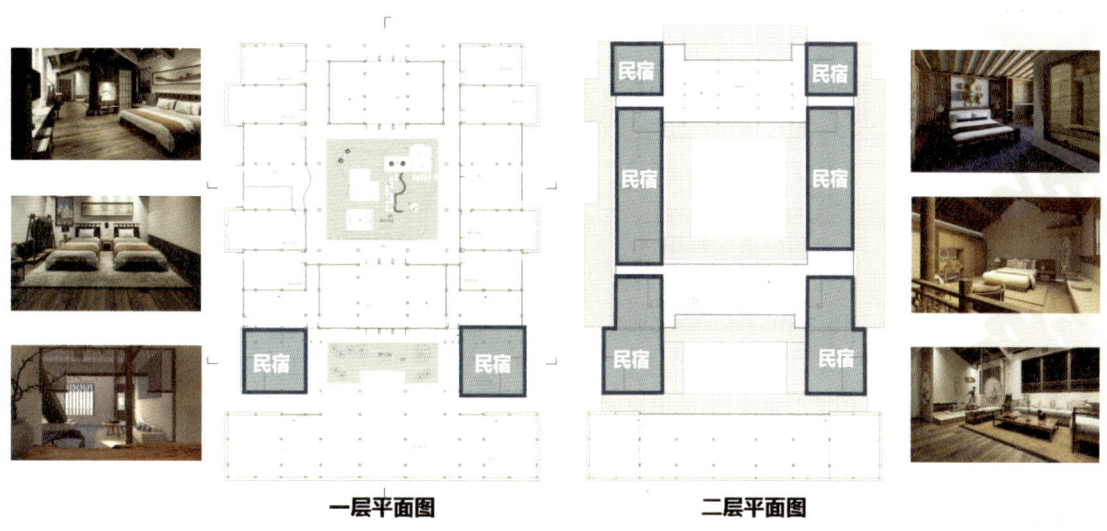

一层平面图　　　　　　**二层平面图**

图 11-56 "旧隅新生—— 基于绿色改造的乡村传统民居活化"民宿

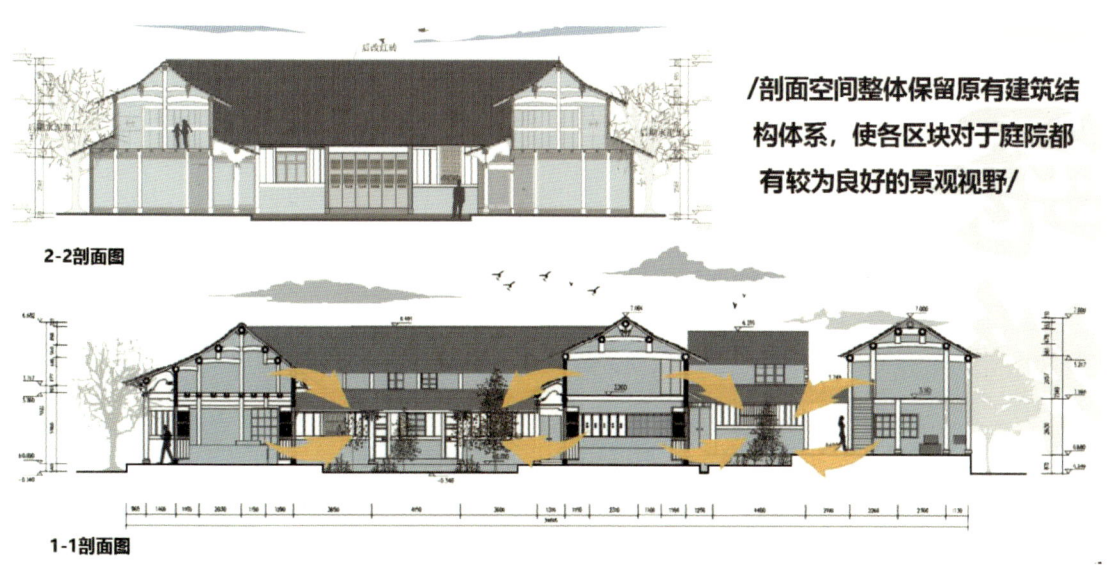

2-2剖面图

/剖面空间整体保留原有建筑结构体系，使各区块对于庭院都有较为良好的景观视野/

1-1剖面图

图 11-57 "旧隅新生—— 基于绿色改造的乡村传统民居活化"剖面图

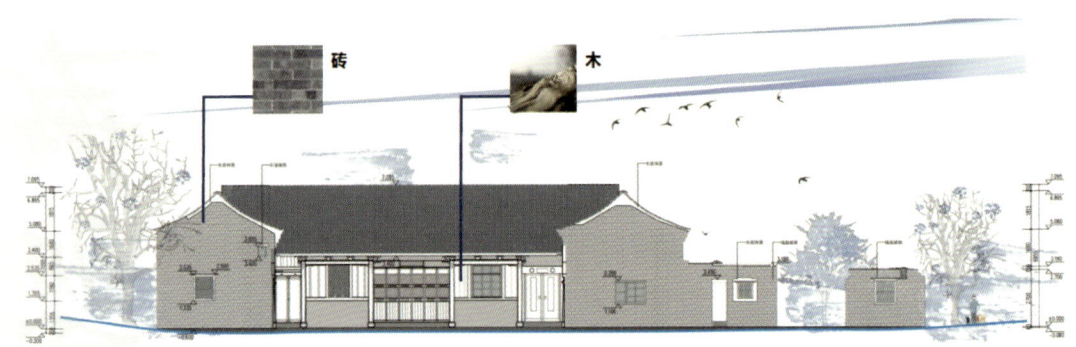

砖　　木

/立面保留原有样式，对局部损毁区
域采用原材料砖、石、木等进行修补/

图11-58 "旧隅新生—— 基于绿色改造的乡村传统民居活化"立面图

前院

前院鸟瞰图
（改造后）

前院
（改造前）

图11-59 "旧隅新生—— 基于绿色改造的乡村传统民居活化"前院改造前后

后堂效果图
（改造后）

后堂
（改造前）

图 11-60 "旧隅新生——基于绿色改造的乡村传统民居活化"后堂改造前后 1

后堂效果图
（改造后）

后堂
（改造前）

图 11-61 "旧隅新生——基于绿色改造的乡村传统民居活化"后堂改造前后 2

中堂（茶室）效果图
（改造后）

中堂
（改造前）

中堂

图 11-62 "旧隅新生—— 基于绿色改造的乡村传统民居活化"中堂（茶室）改造前后 1

中堂（茶室）效果图
（改造后）

中堂
（改造前）

中堂

图 11-63 "旧隅新生—— 基于绿色改造的乡村传统民居活化"中堂（茶室）改造前后 2

剧本杀区效果图
（改造后）

剧本杀区
（改造前）

图 11-64 "旧隅新生—— 基于绿色改造的乡村传统民居活化" 剧本杀区改造前后 1

剧本杀区效果图
（改造后）

剧本杀区
（改造前）

图 11-65 "旧隅新生—— 基于绿色改造的乡村传统民居活化" 剧本杀区改造前后 2

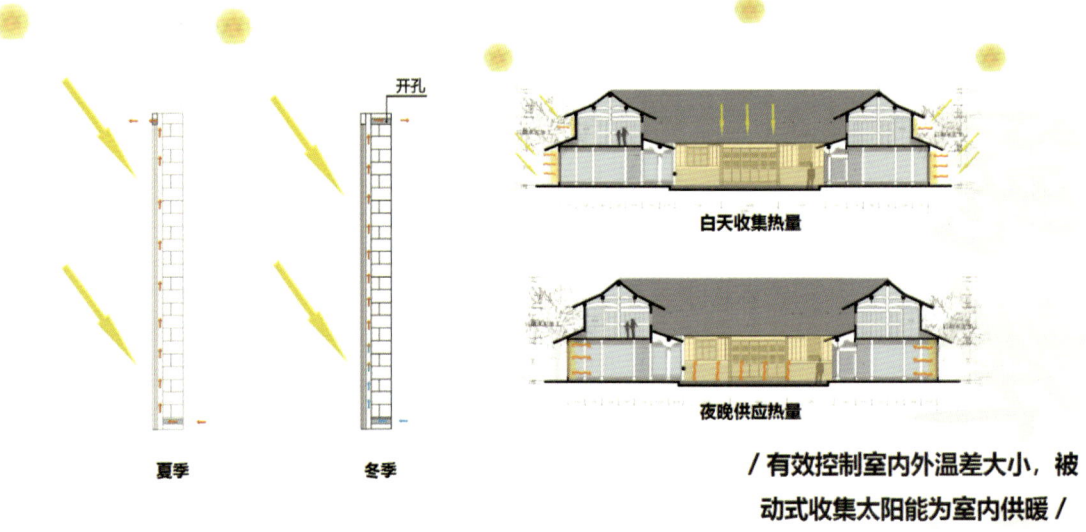

开孔

夏季　　　　　冬季

白天收集热量

夜晚供应热量

/ 有效控制室内外温差大小，被
动式收集太阳能为室内供暖 /

图 11-66 "旧隅新生—— 基于绿色改造的乡村传统民居活化" 特朗勃墙

/结合庭院土壤及周边林木热惰性的不同，利
用热压形成环流进行室内微气候的改善/

图 11-67 "旧隅新生—— 基于绿色改造的乡村传统民居活化" 微气候改善

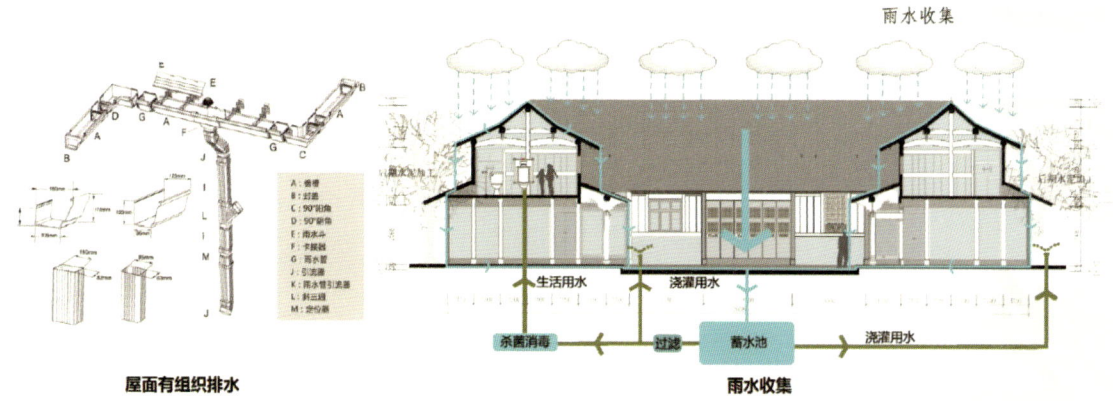

屋面有组织排水

/ 屋顶采用有组织排水，庭院中采用透水铺装、生态树池、
碎石子铺地等，通过雨水回收装置收集雨水并进行过滤杀菌 /

图11-68 "旧隅新生——基于绿色改造的乡村传统民居活化"有组织排水

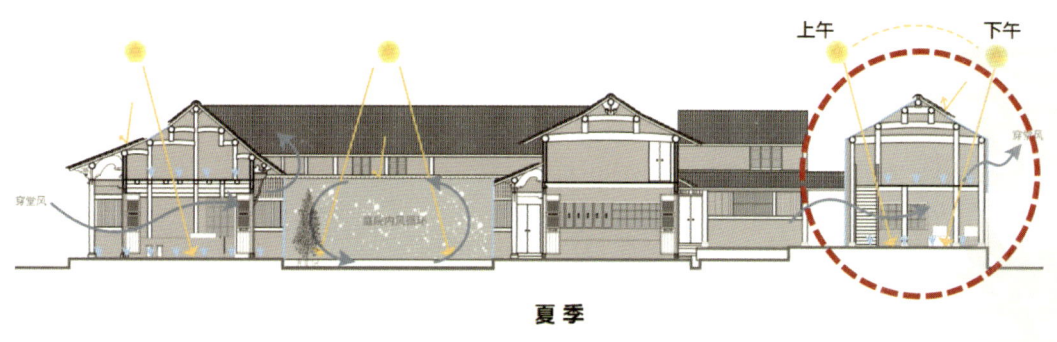

夏 季

/ 夏季通过窗户开合实现室内外通风 /

图11-69 "旧隅新生——基于绿色改造的乡村传统民居活化"夏季通风

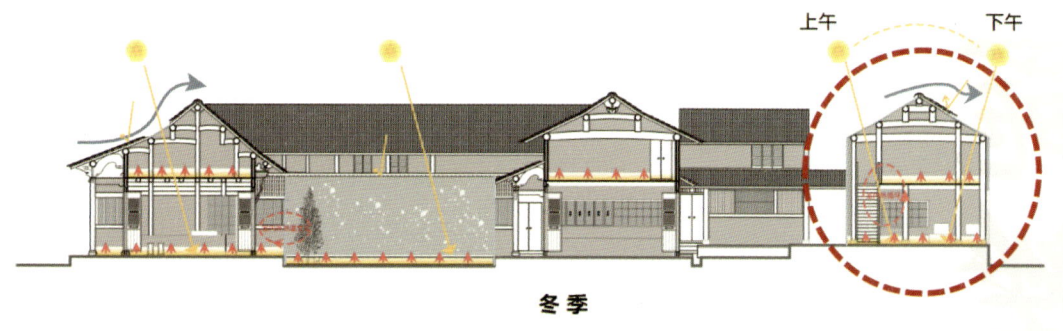

冬 季

/ 冬季形成温室，实现室内热循环 /

图11-70 "旧隅新生——基于绿色改造的乡村传统民居活化"冬季热循环

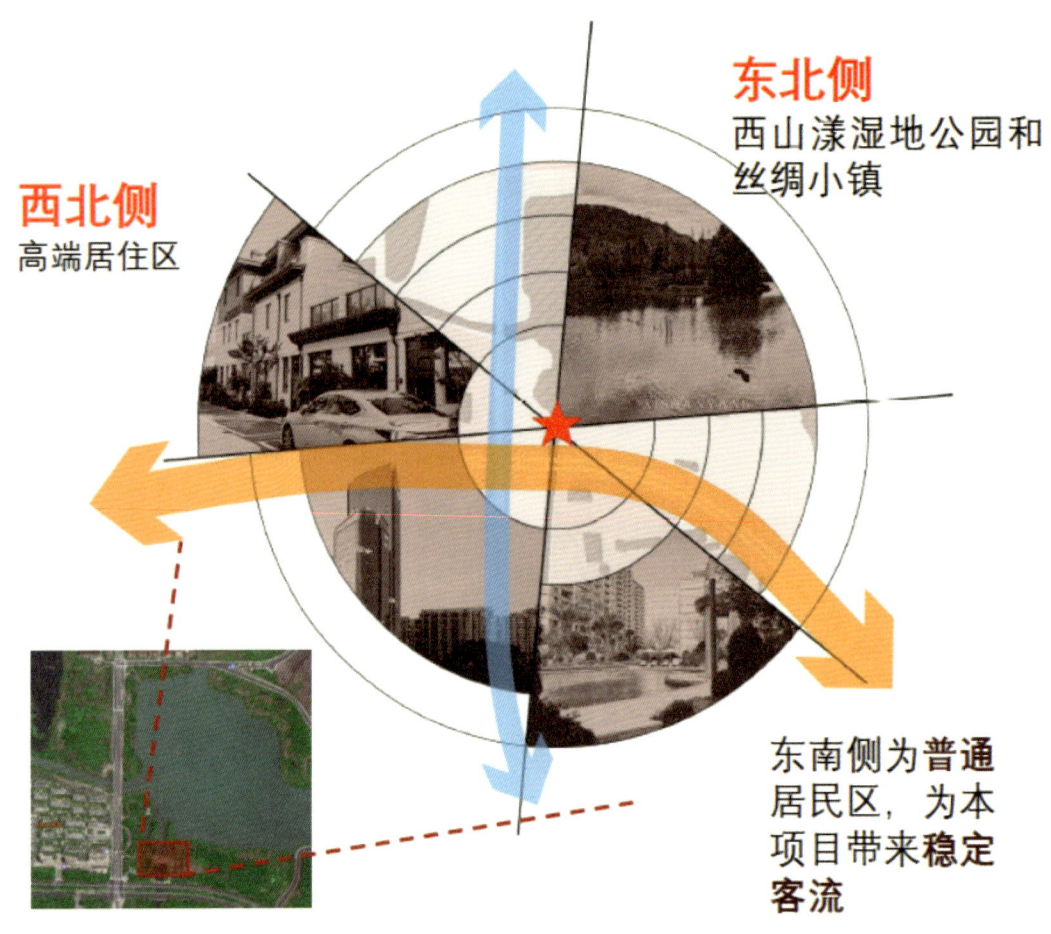

西北侧
高端居住区

东北侧
西山漾湿地公园和
丝绸小镇

东南侧为普通
居民区，为本
项目带来稳定
客流

图 11-71 "山漾 茶豆纪——乌山村休闲咖啡馆设计"区域分析

八、 山漾 茶豆纪——乌山村休闲咖啡馆设计

"山漾 茶豆纪——乌山村休闲咖啡馆设计"的项目对象位于湖州吴兴区乌山村，其基地西北侧为高端居住区，东北侧为西山漾湿地公园和丝绸小镇，东南侧为普通居民区（图11-71）。湖州的茶文化、丝绸和竹编工艺、太湖石等特色成为设计的切入点。

在设计时，充分挖掘地区优势，植入茶文化、竹编工艺、书画作品等，利用灰空间活化、结构表达、线性形式植入、层高利用，打造一个集文化、手工、观景、社交、新茶饮于一体的茶咖空间。在材质选择上，利用老橡木地板、原色钢筋混凝土、微水泥涂层、黑胡桃木桌面、绒布材料、耐候钢架、

素色绢布等，打造灰红主旋律，渲染沉静格调，将视觉重点交由室外风景，移情于景，情景交织。

"山漾 茶豆纪——乌山村休闲咖啡馆设计"获得2023年第六届浙江省乡村振兴创意大赛金奖（图11-72～图11-92）。

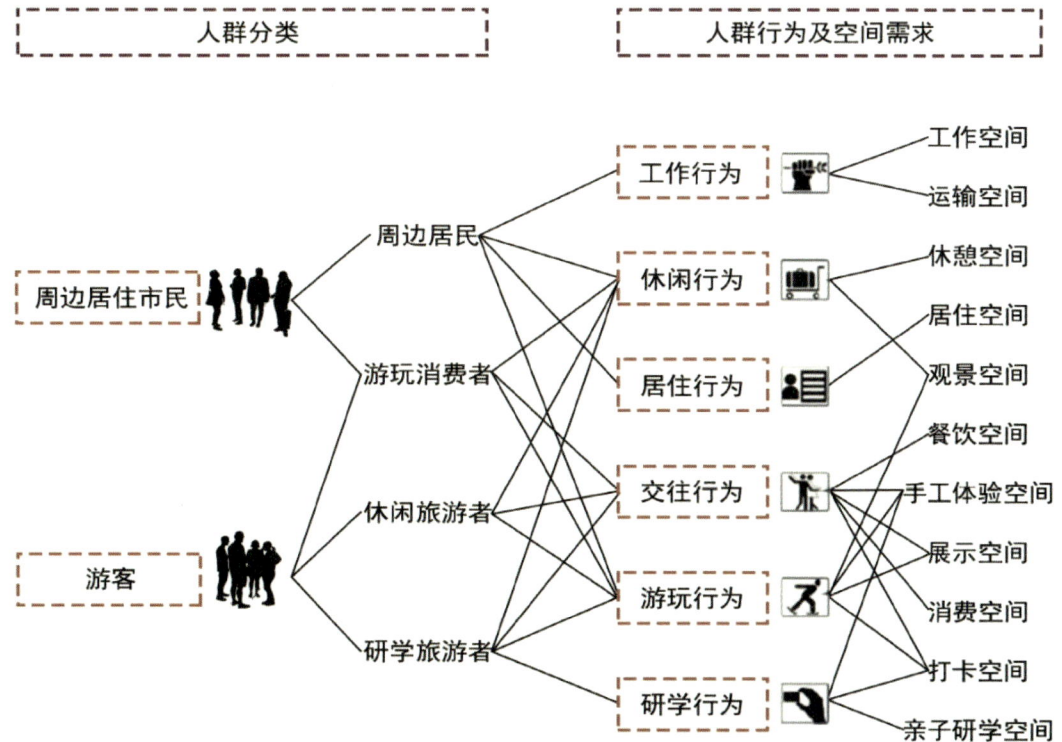

图11-72 "山漾 茶豆纪——乌山村休闲咖啡馆设计"人群分析

图11-73 "山漾 茶豆纪——乌山村休闲咖啡馆设计"地区优势

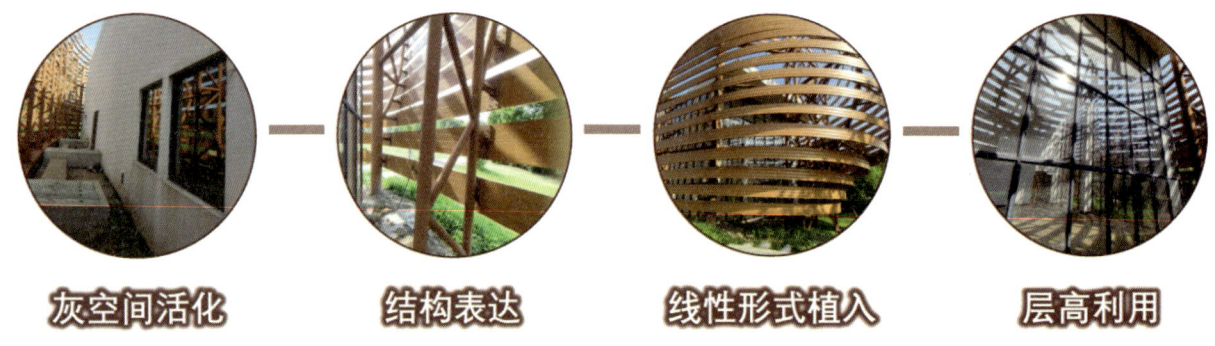

灰空间活化　　　结构表达　　　线性形式植入　　　层高利用

图11-74 "山漾 茶豆纪——乌山村休闲咖啡馆设计"资源利用

图11-75 "山漾 茶豆纪——乌山村休闲咖啡馆设计"构想1

以 四 大 融 合 与 对 比 故 事，打 造 你 的 专 属 吴 兴 记 忆

故事1：情与景　　故事2：茶与豆　　故事3：古与今　　故事4：人与物

图 11-76 "山漾 茶豆纪——乌山村休闲咖啡馆设计"构想 2

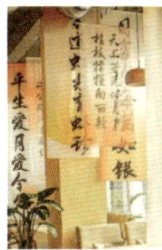

老橡木地板	原色钢筋混凝土	微水泥涂层	黑胡桃木桌面	绒布材料	耐候钢架	素色绢布
RGB 94, 55, 44	RGB 152, 138, 126	RGB 222, 217, 197	RGB 145, 117, 106	RGB 83, 85, 84	RGB 150, 78, 56	RGB 217, 181, 133

图 11-77 "山漾 茶豆纪——乌山村休闲咖啡馆设计"构想 3

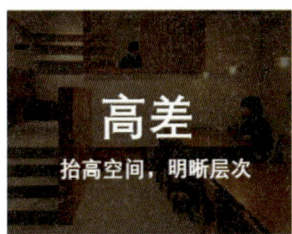

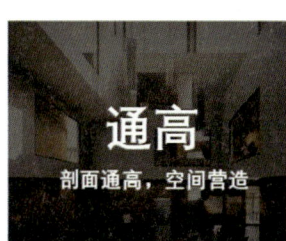

图 11-78 "山漾 茶豆纪——乌山村休闲咖啡馆设计"构想 4

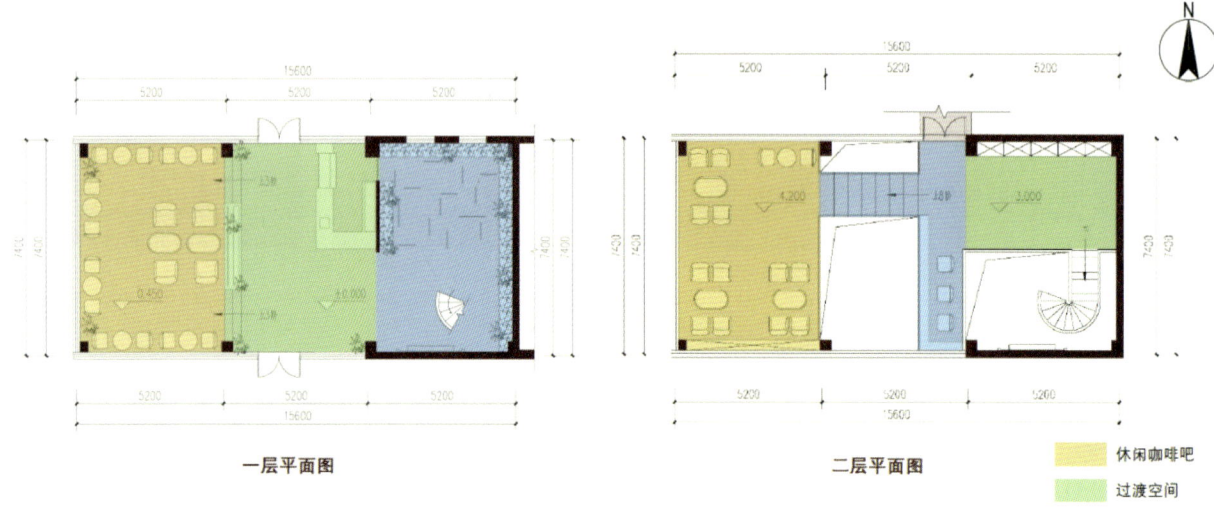

一层平面图　　　　　　　　　　　　二层平面图

休闲咖啡吧
过渡空间

图 11-79　"山漾 茶豆纪——乌山村休闲咖啡馆设计"西侧房间方案

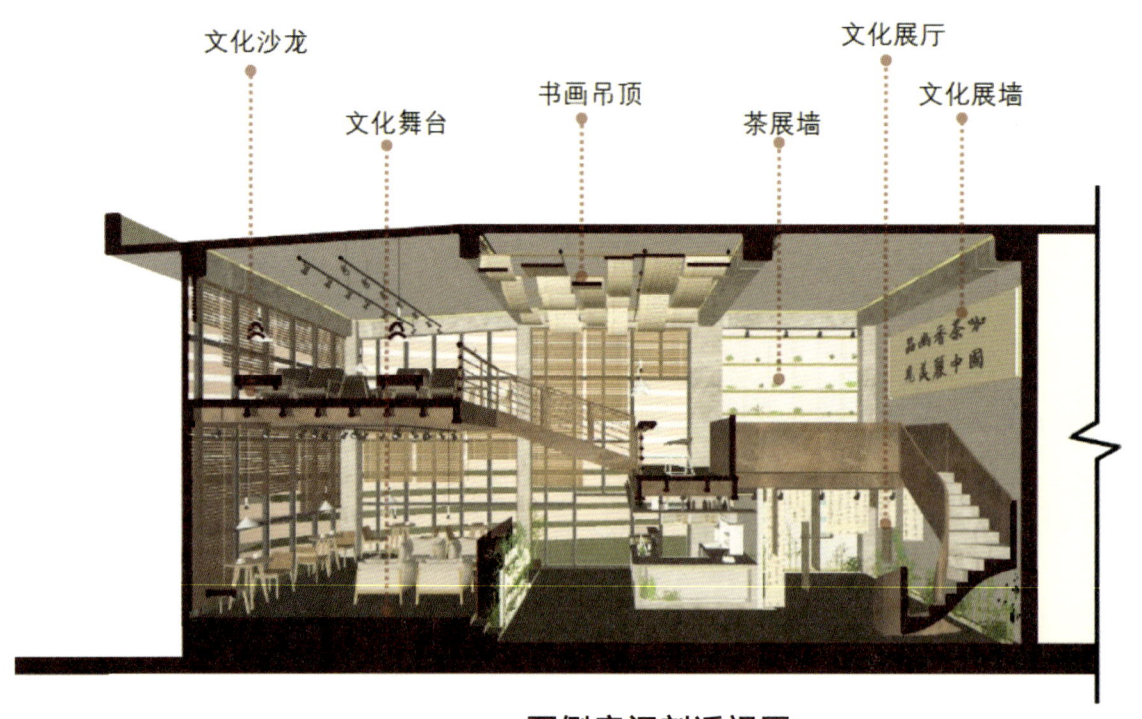

文化沙龙　　文化舞台　　书画吊顶　　茶展墙　　文化展厅　　文化展墙

西侧房间剖透视图

图 11-80　"山漾 茶豆纪——乌山村休闲咖啡馆设计"西侧房间剖透视图

图 11-81 "山漾 茶豆纪——乌山村休闲咖啡馆设计"休闲咖啡吧效果图

图 11-82 "山漾 茶豆纪——乌山村休闲咖啡馆设计"文化展厅效果图

文化沙龙效果图

图 11-83 "山漾 茶豆纪——乌山村休闲咖啡馆设计"文化沙龙效果图

文化展区效果图

图 11-84 "山漾 茶豆纪——乌山村休闲咖啡馆设计"文化展区效果图

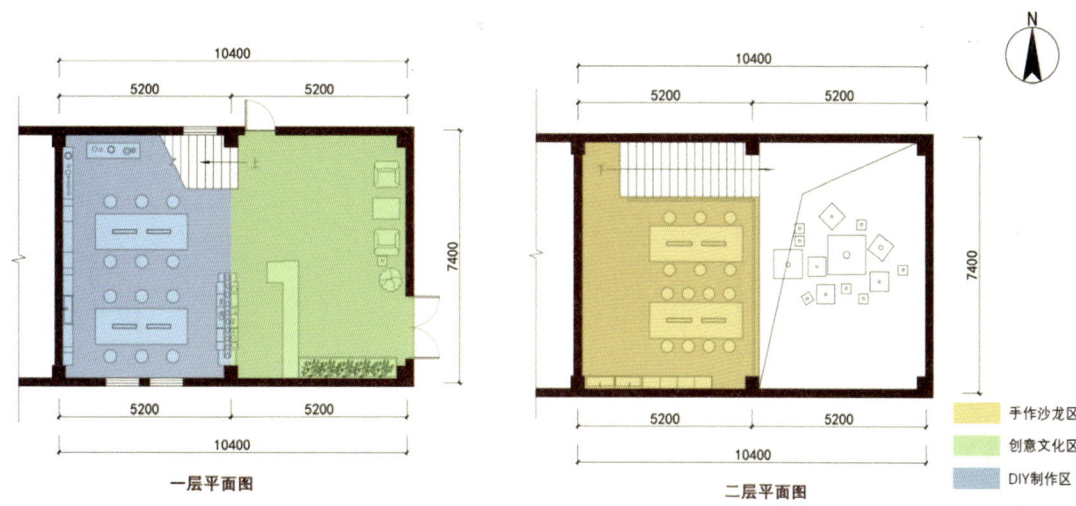

一层平面图　　　　　　　　　　　二层平面图

手作沙龙区
创意文化区
DIY制作区

图 11-85　"山漾 茶豆纪——乌山村休闲咖啡馆设计"东侧房间方案

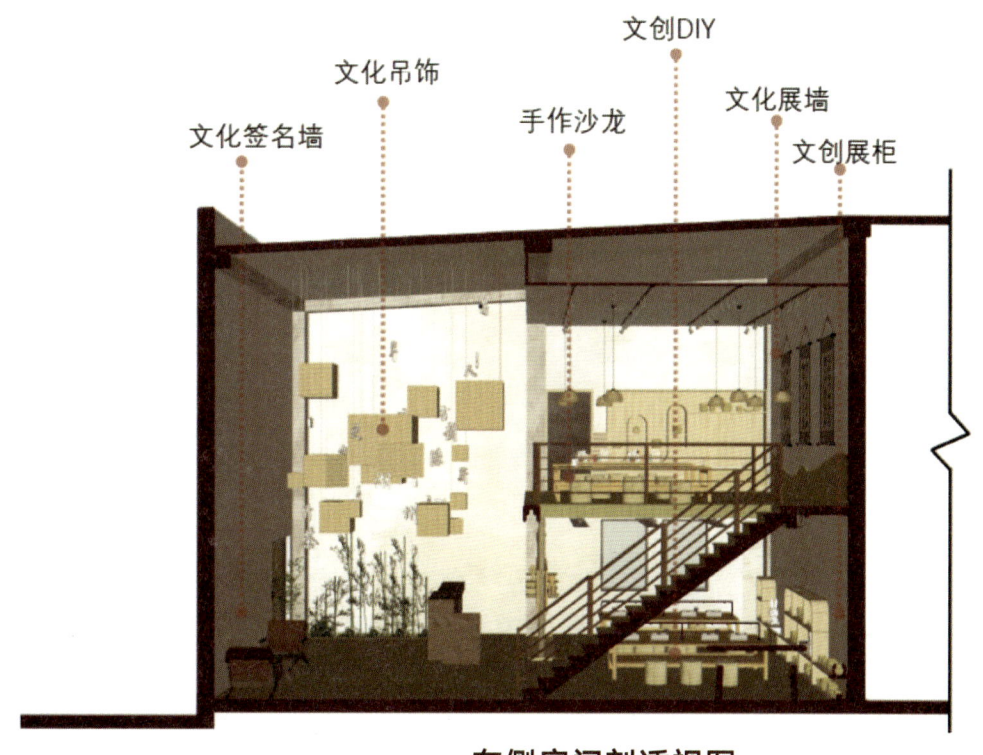

文创DIY
文化吊饰
手作沙龙
文化展墙
文创展柜
文化签名墙

东侧房间剖透视图

图 11-86　"山漾 茶豆纪——乌山村休闲咖啡馆设计"东侧房间剖透视图

图11-87 "山漾 茶豆纪——乌山村休闲咖啡馆设计"DIY区效果图

图11-88 "山漾 茶豆纪——乌山村休闲咖啡馆设计"文化吊饰效果图

可移动式
花爬架　　　打卡点　　　防护围栏　　　地面铺装　　　招牌

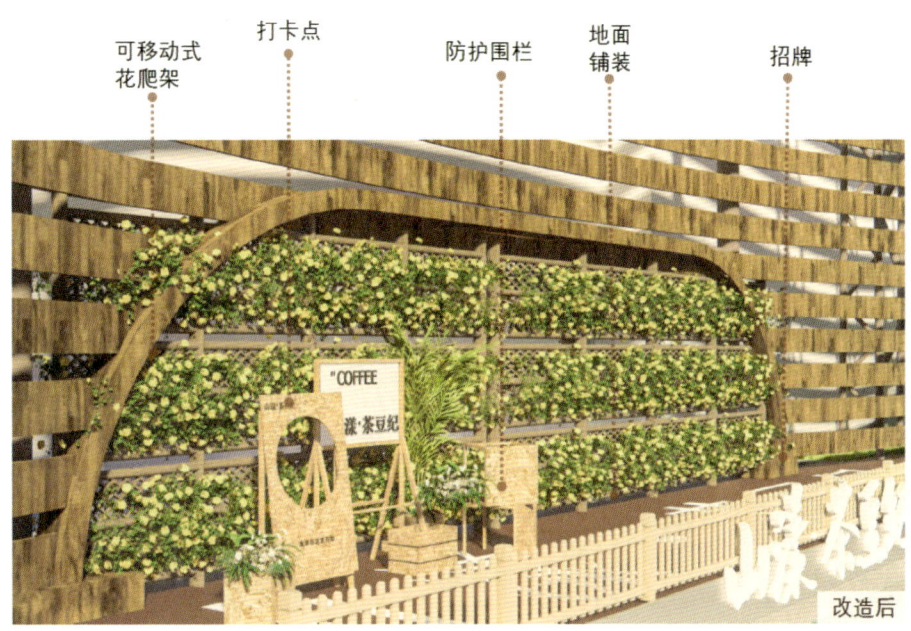

增设南侧室外空间，变"伤疤"为门面

图 11-89 "山漾 茶豆纪——乌山村休闲咖啡馆设计"改造后 1

900 mm × 900 mm 模块化装配式游步道

活化北侧灰空间，串联东西两侧功能区

图 11-90 "山漾 茶豆纪——乌山村休闲咖啡馆设计"改造后 2

巧借北侧景观，挥洒打卡创意

图 11-91 "山漾 茶豆纪——乌山村休闲咖啡馆设计"打卡点

室外夜景效果图

图 11-92 "山漾 茶豆纪——乌山村休闲咖啡馆设计"室外夜景效果图

参考文献

[1] 马莉,周小虎.创业团队组建管理与激励机制研究[J].价值工程,2016,35(16):68-71.

[2] GAGNE M, DECI E L.Self-determination Theory and Work Motivation[J].Journal of Organizational Behavior, 2005, 26(4):331-362.

[3] HATTIE J , TIMPERLEY H .The Power of Feedback[J].Review of Educational Research, 2007, 77(1):81-112.

[4] LUTHANS F , YOUSSEF C M .Emerging Positive Organizational Behavior[J].Journal of Management,2007, 33(3):321-349.

[5] 刘康生.创业项目中创业团队组建的再思考[J].农村经济与科技,2017,28(14):25.

[6] ROSE K H .A Guide to the Project Management Body of Knowledge: PMBOK(R) Guide[J]. ProjectManagement Journal, 2013, 44(3):e1.

[7] ATIN S , LUBIS R .Implementation of Critical Path Method in Project Planning and Scheduling[J]. IOPConference Series: Materials Science and Engineering, 2019, 662(2):022031.

[8] GERALDI J,LECHTER T.Gantt Charts Revisited: A Critical Analysis of Its Roots and Implications to theManagement of Projects Today[J].International Journal of Managing Projects in Business, 2008,5(4):578-594.

[9] KERZNER H .Project Management : A Systems Approach to Planning, Scheduling, and Controlling[M].Wiley, 2013.

[10] 于善初,张宣峰,熊国礼,等.精细化乡村振兴规划的调研与分析方法——寨里镇乡村振兴规划中的典型经验总结[C]// 中国城市规划学会.面向高质量发展的空间治理——2020 中国城市规划年会论文集.北京:中国建筑工业出版社,2021.

[11] 黄璜,杨贵庆,米塞尔维茨,等."后乡村城镇化"与乡村振兴——当代德国乡村规划探索及对中国的启示[J].城市规划,2017,41(11):111-119.

[12] 陈星.文献分析视角下的乡村振兴和乡村规划研究进展[C]// 中国城市规划学会.活力城乡 美好人居——2019 中国城市规划年会论文集.北京:中国建筑工业出版社,2019.

[13] 张静.乡村振兴与文化活力——人类学参与观察视角下浙江桐乡 M 村经验分析[J].中华文化论坛,2018(4):112-116.

[14] 戴菲,章俊华.规划设计学中的调查方法 4——行动观察法[J].中国园林,2009,25(2):55-59.

[15] 戴菲,章俊华.规划设计学中的调查方法 (1)——问卷调查法 (理论篇)[J].中国园林,2008(10):82-87.

[16] 章俊华.规划设计学中的调查分析法 15——因子分析[J].中国园林,2004(9):76-81.

[17] 于晓曦.建筑研究的社会调查方法[D].天津:天津大学,2009.

[18] 汪霞,张婷婷,王海峰.基于地域特征视角下乡村旅游规划研究[C] //2015 中国新型城镇化与村镇规划研讨会议文集.

[19] 谢安安.基于地域特征视角下的乡村规划初探——以湖南乡村规划为例[D].长沙:中南大学,2010.

[20] 洪军,孔月姣.浅析以地方特征为引领的乡村景观设计——以金华市汤溪镇鸽坞塔村为例 [J].科教文汇,2011(31):144-144,159.

[21] 张红宇.以更有力举措加快发展乡村产业 [J].理论导报,2022(6):10-13.

[22] 个个世界 + 先进建筑实验室.新作 | 一次稻田里的城乡共建 —— 福建青石寨的稻亭和稻场 [EB/OL]. (2020-11-11)[2024-09-11]. https://www.sohu.com/a/431353209_186299.

[23] 轻松视角.广东广州:航拍南沙香云纱产业园,各色布料如彩绘点缀大地! [EB/OL]. (2020-01-04)[2024-09-11].https://baijiahao.baidu.com/s?id=1654782523937927107&wfr=spider&for=pc.

[24] 清华大学建筑设计研究院.云寨村社区活动中心 [EB/OL]. (2022-09-28) [2024-09-11]. http://www.archcollege.com/archcollege/2022/09/51522.html.

[25] 北京林业大学.浙江安吉花海竹廊景观设计 [EB/OL]. (2019-12-13). [2024-09-11]. http://www.landscape.cn/landscape/10896.html.

[26] 中国建筑节能协会,重庆大学城乡建设与发展研究院.中国建筑能耗与碳排放研究报告(2023 年)[J].建筑,2024(2):46-59.

[27] 石岭,谷明,丁剑锋.探析建筑设计中绿色建筑技术的应用策略 [J].房地产世界,2024(1):40-42.

[28] 中国建筑节能协会建筑能耗与碳排放数据专业委员会,重庆大学.2022 中国城乡建设领域碳排放系列研究报告 [R].

[29] Our World in Data.Computation Used to Train Notable Artificial Intelligence Systems,by Domain[EB/OL]. (2023-06-30)[2024-09-11]. https://ourworldindata.org/grapher/artificial-intelligence-training-computation.

[30] GRADY P, HUANG S. Generative AI: A Creative New World[EB/OL]. (2022-09-19) [2024-09-11]. https://www.sequoiacap.com/article/generative-ai-a-creative-new-world/.

[31] 李嘉颖,赵虹云,吴佳昱,等.基于 AI 辅助建筑设计技术的乡村小型建筑设计的讨论与探索——以 Stable Diffusion 为例 [C]// 余翰武,金熙,吴杨杰.兴数育人 引智筑建:2023 全国建筑院系建筑数字技术教学与研究学术研讨会论文集.武汉:华中科技大学出版社,2024.

[32] 袁烽,许心慧,王月阳.走向生成式人工智能增强设计时代 [J].建筑学报,2023(10):14-20.

[33] 周慎.新文本间性:生成式人工智能的文本内涵、结构与表征 [J].新闻记者,2023(6):39-45.

[34] DigitalFUTURES world. DigitalFUTURES Talk: The AI Design Revolution: DALLE vs MidJourney[Z/OL]. (2022-08-20)[2024-09-11]. https://www.youtube.com/watch?v=ButDfjQohB0&t=4756s.

[35] 侯志阳.农村养老困境与乡村"草根"型养老模式构建 [J].湖南农业大学学报 (社会科学版),2008(1):46-49.

[36] 陈云凤,刘滢,于戈.北方农村空巢老人养老现状及新型养老模式初探 [J].新建筑,2018(4):120-122.

[37] 王震华,蓝婧.一个"小作坊养老院"的乡村养老探索 [EB/OL]. (2022-05-24)[2024-09-11]. https://news.sina.com.cn/s/2022-05-24/doc-imizirau4386662.shtml.

[38] 迟向正.基于生理和心理需求研究的养老院人性化设计 [D].天津:天津大学,2008.

[39] 黄耀荣.老人安养机构建筑规划设计准则研究 [M].台北:内政部建筑研究所筹备处,1993.

[40] 和睿视角.关于老年人的生理与心理特征以及行为模式的分析 [EB/OL]. (2018-01-23) [2024-09-11]. https://zhuanlan.zhihu.com/p/33211502.

[41] 李志宏 . 我国养老服务格局是 "9073" 还是 "9901" [EB/OL]. (2024-04-22) [2024-09-11]. https://
      m.thepaper.cn/baijiahao_27127753.

[42] 叶蕾婷 . 浙北农村 "潜在养老资源" 调研和适老化改造策略研究 [D]. 杭州：浙江大学 ,2017.

[43] 幸福老年养老网 . 上海市青浦区练塘镇蒸浦村浦江日间照料中心 [EB/OL]. (2022-08-03)[2024-09-11].
      https://www.xingfulaonian.com/yanglao/u_11939.html.

[44] 陈云凤 , 李玲玲 , 刘滢 . 乡村养老设施公共空间使用现状与设计优化 [J]. 新建筑 ,2021(6):66-71.

[45] 刘滢 , 陈云凤 , 于戈 . 农村互助型养老设施核心问题探究 [J]. 建筑学报 ,2019(S1):107-110.

[46] 宁尚宇 , 巩玉发 . 居家养老模式下农村适老化改造设计——以黑龙江省民政村为例 [J]. 住宅科技 ,2022,42(11):38-
      41,48.

[47] 邹海燕 , 屈张 . 乡村养老设施 "规划 - 策划 - 建筑" 全过程设计方法探索——以上海市老港镇大河村为老服务公
      寓为例 [J]. 住宅科技 ,2021,41(5):18-23.

[48] 郭恒杰 , 李仪琳 . 水乡古村落公共空间适老价值评价——以苏州市西山镇古村落为例 [J]. 华中建
      筑 ,2019,37(4):129-133.

[49] 盖尔 . 交往与空间 [M]. 何人可 , 译 . 北京：中国建筑工业出版社，1987：187-194.

[50] 张子琪 , 王竹 , 裘知 . 乡村老年人村域公共空间聚集行为与空间偏好特征探究 [J]. 建筑学报 ,2018(2):85-89.

[51] 吴美萍 .1970 年以后欧美建筑再利用的学术发展概览 [J]. 建筑师 , 2020(5):4-15.

[52] 松村秀一 . 建筑再生学：理论·方法·实践 [M]. 姜涌 , 李霁彬 , 译 . 北京：中国建筑工业出版社 ,2019.

[53] 霍晓卫 , 杨勇 . 福州市历史建筑保护利用案例指南 [M]. 上海：同济大学出版社 ,2020.

[54] 周卫 . 历史建筑保护与再利用：新旧空间关联理论及模式研究 [M]. 北京：中国建筑工业出版社 ,2009.

[55] 张雷联合建筑事务所 . 先锋云夕图书馆 [EB/OL]. (2017-10-20)[2024-09-25]. https://www.gooood.cn/
      librairie-avant-garde-ruralation-library-in-zhejiang-china-by-azl-architects.htm.

[56] 卓晓岚 , 肖大威 . 历史建筑空间可复原改造策略 [J]. 新建筑 , 2021(2):74-78.

[57] Line+ 建筑事务所 . 长三角一体化示范区：丁栅水乡 SOHO 智慧粮仓 [EB/OL]. (2023-02-20)[2024-09-
      25].https://www.gooood.cn/soho-wisdom-granary-of-dingzha-watertown-by-line-studio-and-mla.
      htm.

[58] 来建筑设计工作室 . 宁屋：安徽闪里镇桃源村祁红茶楼 [EB/OL]. (2018-01-22)[2024-09-25]. https://www.
      gooood.cn/house-qimen-black-tea-house-in-taoyuan-village-shanli-anhui-province-china-by-
      atelier-lai.htm.

[59] 布鲁克 , 谢冰 , 苏清商 . 改造 / 重塑——再利用的策略 [J]. 建筑师 , 2020(5):21-28.

[60] 西涛设计工作室 . 青龙坞言几又乡村胶囊旅社书店 [EB/OL]. (2019-12-31) [2024-09-25]. https://www.
      gooood.cn/capsule-hotel-and-bookstore-in-village-qinglongwu-china-by-atelier-taoc.htm.

[61] 托雷 . 建筑遗产再利用的共同演变策略 [J]. 马冬青 , 译 , 吴美萍 , 校 . 建筑师 , 2020(5):16-20.

[62] MAD. 将老北京 "捧在手心" 的乐成四合院幼儿园建成使用 [EB/OL]. (2020-11-18) [2024-09-25]. https://
      www.gooood.cn/le-cheng-kindergarten-completed-mad.htm.

[63] SUP 素朴建筑工作室 . 奇峰村史馆 [EB/OL]. (2019-04-29) [2024-09-25].https://www.gooood.cn/history-museum-of-qifeng-village-china-by-sup-atelier.htm.

[64] DnA 建筑事务所 . 油茶工坊 [EB/OL]. (2019-05-14) [2024-09-25].https://www.gooood.cn/oil-workshop-china-by-dna_design-and-architecture.htm.

[65] 杨贵庆 . 乌岩古村：黄岩历史文化村落再生 [M]. 上海：同济大学出版社 ,2016.

[66] 李晓峰 . 乡土建筑保护与更新模式的分析与反思 [J]. 建筑学报 , 2005(7):8-10.

附录

台州学院建筑学专业历年乡村振兴方案汇总

台州学院建筑学专业师生自 2018 年起，积极投身乡村振兴大潮，希望通过设计赋能乡村，为地方发展贡献力量。以下为 2018—2024 年，师生们的作品信息汇编，本书中不少案例均出自其中，在此一一记录，并再次感谢。

序号	乡镇名称	项目名称	项目负责人	项目成员	指导老师	时间
1	台州市椒江区	乡村民居改造设计	汪国庆	邱巧、张丽娟、余冰倩、吴细红、俞凌子	叶蕾婷、杨勇涛、林新峰	2018
2	台州市临海市	望峰息心，诗意栖居	徐樑	陈晓云、吴细红、赵容婕、赵佳丽	林新峰、王波	2018
3	台州市临海市	溪竹乐活 礼堂新生	冯建豪	陈宇冠、茅金铭、杨淑华、黄晓影、柳一默	沈晶晶、林新峰、叶蕾婷	2018
4	台州市温岭市	白鹭归栖 心安吾乡	章毅	鲁玫、徐泽华、汪国庆、陈倩	叶蕾婷、林新峰	2018
5	台州市临海市	坪坑村口区块概念规划设计	黄冉	于宏程、叶雯、王旭芳、朱芷仪、袁家明	叶蕾婷、颜丰、林新峰	2019
6	台州市临海市	黄石隽永多雅趣	许景兰	陈翼、黄程早早、朱晔、邹一帆、邹烨慧、吴舒琦	林新峰、颜丰	2019
7	台州市临海市	风动浮竹 新兴方庭	陈洲龙	汪国庆、陈倩	叶蕾婷、林新峰	2019
8	台州市临海市	黄石坦美丽庭院设计	许景兰	阮睿、黄程早早、朱晔、邹一帆、邹烨慧、吴舒琦	赵欣、颜丰	2019
9	台州市天台县	双溪村精品茶园规划设计	肖建辉	于宏程、林成、刘伟民、吴尚鹏、汪雨朦	叶蕾婷、颜丰	2020
10	台州市温岭市	信以洋呈，醉之花梦——洋呈村游客服务中心创意设计	叶雯	胡欣雨、孙浩、叶盈盈、陈磊、沈奕、郑菲菲	林新峰、沈晶晶	2020
11	台州市临海市	下外山村村庄风貌整治规划	郑意之	章文婕、赵晨萱、赵昕	林新峰	2020
12	台州市临海市	闲径抱山居，清溪映悠竹	杨淑华	黄晓影、柳一默、陈炳男、罗骁、叶腾飞、罗占峰	叶蕾婷、颜丰、林新峰	2020

序号	乡镇名称	项目名称	项目负责人	项目成员	指导老师	时间
13	金华市兰溪市	白露凝夕 山水相栖	于宏程	肖建辉、于宏程、林成、刘伟民、吴尚鹏、汪雨朦	叶蕾婷、颜丰	2020
14	台州市临海市	竹溪须臾，履中之旅——竹家山村休闲农业旅游整体规划设计	钱怡含	黄玮弘、朱名骞、胡夏薇、缪思佳、管晨怡	林新峰、叶蕾婷	2020
15	台州市天台县	庆云凌岩翠，天和誓梦周——天和村红色旅游研学区规划	叶腾飞	袁朝、胡心怡、余琦瑜、楼秀敏、管晨怡、肖卓宇	林新峰、汤蓉岚、林荫	2021
16	台州市天台县	忘忧洪畴，乐寻漫趣	管晨怡	叶周鑫、吴飞燕、顾航、叶腾飞、肖卓宇	林新峰、董雪旺、汤蓉岚	2021
17	台州市临海市	延橘	陶其乐	陶其乐、崔子恒、郎麒凌、刘宏艺、刘俊贤、翁伽立	颜丰、叶蕾婷	2021
18	台州市临海市	山水画境 竹林茶隐	钱怡含	戚伊朗、邹烨慧、陈倩、虞梦帆、彭青、黄丽娜	叶蕾婷、林新峰	2021
19	湖州市德清县	鹭隐归亭 光洒竹影	罗占峰	郑菲菲、王星晨、陈志强、叶腾飞、戴曾伟、裴立飞	林新峰、叶蕾婷	2022
20	绍兴市上虞区	三山三门 桂落东澄	朱名骞	阮铁龙、施雯静、肖敏奇、管晨怡、曾子瞻	林新峰、叶蕾婷	2022
21	温州市泰顺县	几米桥头 千年遗风	罗占峰	郑菲菲、缪思佳、陈志强、肖敏奇、何景田	林新峰、叶蕾婷	2022
22	温州市泰顺县	心有苦竹石 庭荫解颐时	管晨怡	腾家欢、朱名骞、曾子瞻、郭琪梦	林新峰、叶蕾婷、孟勤林	2022
23	温州市泰顺县	游圆	吴祎培	陈诺、李欣、蒋竣龙、黄世灵、俞康、毛徐旌	孟勤林、赵欣	2022
24	杭州市钱塘区	愿采·莓苑	俞婷	黄凌顶、施雯静、钟明华、张阿玉、吴飞燕	林新峰、孟勤林	2022
25	台州市三门县	山海三门 风韵平岗	袁朝	郑雨佳、叶腾飞、杜盛龙、柯金铭	林新峰、孟勤林、汤蓉岚	2022

序号	乡镇名称	项目名称	项目负责人	项目成员	指导老师	时间
26	台州市临海市	橘伴数里，香溢延恩	郑菲菲	罗占峰、戚珠珠、戴曾伟、王淇、杨骏锴、王星晨	林新峰、叶蕾婷、孟勤林	2022
27	建德市大慈岩镇	赏荷·入莲·忆归居——基于莲文化和产业背景下的乡村振兴发展	黄雨欣	王思鉴、林冬华、滕蕊、彭康辉、谢嘉苗、周奕	林新峰、王波、孟勤林	2022
28	台州市临海市	农机创新试验基地项目	王莉婷	毛徐旌、胡杨可、黄凌顶、陈诗莹、磨伟灿、许督	林新峰、汤蓉岚、孟勤林	2022
29	台州市三门县	散落的村民活动中心	陈炳男	杨晓宇、叶腾飞、叶雯	叶蕾婷 林新峰 孟勤林	2022
30	台州市三门县	共赴一场玫瑰盛宴——坎下金村玫瑰谷规划设计方案	叶腾飞	王星晨、陶其乐	赵欣	2022
31	宁波市慈溪市	寻色五姓，不只青绿	杨晓宇	孙海潮、黄小辉、高翔、徐莹佳、叶咏婷	颜丰、林新峰、陈明晶	2022
32	湖州市安吉县	山麓·交响公寓——"低碳"背景下的空置农房改造	钟明华	张阿玉、黄凌顶、吴淑蕾、胡佩瑶、史怡俏	颜丰、杨勇涛、叶蕾婷	2023
33	台州市天台县	旧隅新生——基于绿色改造初探下的乡村传统民居活动	黄雨欣	陈雯婧、王思鉴、陈英英、王佳、杨俊豪、蒋竣龙	林新峰、颜丰	2023
34	台州市天台县	山语石溪，闻竹见瓦——基于石文化背景下的山头裘村乡村规划设计	谢嘉苗	林冬华、杨茂笙	王波、沈晶晶、梁冰峰	2023
35	台州市天台县	昌硕故里，四时里沟	周奕	陈嘉明、曾子瞻、李欣、俞婷、金楚红、刘涵喆	梁冰峰、孟勤林、姜琴君	2023

序号	乡镇名称	项目名称	项目负责人	项目成员	指导老师	时间
36	台州市黄岩区	承桂街宋韵，绘宁溪遗风	张阿玉	滕蕊、钟明华、黄凌顶、王欣、杨颖	沈晶晶、颜丰、梁冰峰	2023
37	湖州市安吉县	绿由竹园起，香从灵峰来	曾子瞻	李欣、周奕、俞婷、金楚红、刘涵喆、金鑫涛	孟勤林、颜丰、姜琴君	2023
38	台州市黄岩区	橘香凤韵，山水黄岩	陆沣	张正、杨松岳、梁世杰、虞钦悦、王睿欣	孟勤林、赵欣	2023
39	台州市黄岩区	江南烟火市井香，山水礼序赴潭乡	蒋竣龙	黄雨欣、陈雯婧、彭康辉、杨俊豪、王思鉴	潘瑛、林新峰	2023
40	台州市黄岩区	农耕新发展，田园新体验——基于当地农耕文化背景下的乡村振兴发展	黄雨欣	蒋竣龙、王思鉴、陈雯婧、彭康辉、杨俊豪	林新峰、梁冰峰	2023
41	台州市黄岩区	夜中长明	张茜	俞婷、施雯静、阮铁龙、曾子瞻、黄凌顶、李奕	林新峰、梁冰峰、孟勤林	2023
42	台州市黄岩区	橘柚香·游人引	袁涛	吴淑蕾、胡佩瑶、胡凌侃、吴正俊、潘创园	颜丰、叶蕾婷	2023
43	台州市黄岩区	棋乐融融·老人之家	魏吴亦翎	林秀丽、肖钏、李欣彤、姚伊宸	沈晶晶、孟勤林	2023
44	台州市黄岩区	橘风弥乡，驿韵凤洋	徐宇豪	毛艳彬、魏嘉乐、刘浪、杨羽琴、张阿玉、钟明华	孟勤林、沈晶晶	2023
45	温州市永嘉县	诗予江枫，愿寄一隅	李欣	罗占峰、刘佳琪、骆佳顺、何景田、陈诺、黄世灵	林新峰、叶蕾婷	2023
46	湖州市吴兴区	山漾·茶豆纪——乌山村休闲咖啡馆设计	李欣	陈诺、王诗怡、何景田、俞婷、曾子瞻、刘涵喆	林新峰、杨勇涛、苗振龙	2023
47	湖州市吴兴区	陶趣堆叠，茶韵萦心——旧砖窑厂空间更新设计	张健榛	梁世杰、张正、刘浪、袁涛、毛艳彬、袁婷婷	孟勤林、杨勇涛、林新峰	2023
48	湖州市吴兴区	侨乡瓷韵，廊穿古今	骆佳顺	徐宇豪、何景田、魏嘉乐、刘佳琪、张阿玉、钟明华	孟勤林、颜丰、沈晶晶	2023

续表

序号	乡镇名称	项目名称	项目负责人	项目成员	指导老师	时间
49	湖州市吴兴区	水韵画游	魏嘉乐	刘佳琪、何景田、徐宇豪、骆佳顺、张阿玉、钟明华	梁冰峰、颜丰、孟勤林	2023
50	湖州市吴兴区	浮生偷得半日闲，禅弥一味茶时间	吴淑蕾	胡佩瑶、黄雨欣、杨松岳、俞婷、胡凌侃、杨茂笙	林新峰、杨勇涛	2023
51	宁波市慈城镇	竹韵茶香飘山涧	周雨萱	张弈晨、鲍莘怡、王文豪、刘涵喆、刘佳琪、谭宝鑫	林新峰、孟勤林	2024
52	台州市温岭市	渔之印记——台州市沙岙村规划设计方案	张健榛	徐宇豪、李欣怡、王橹穰、姚湉欣	孟勤林、颜丰	2024
53	台州市温岭市	宿之山海·渔你随行——做乡村振兴守护者	徐雨珊	张欣悦、王曦悦、卜浩楠、程歆译	孟勤林	2024
54	台州市温岭市	沙岙艺庭	谭宝鑫	周雨萱、张弈晨	林新峰、叶蕾婷	2024
55	台州市温岭市	拾沙岙之遗，享渔鱼之乐	刘涵喆	鲍莘怡、胡蒙佳、王文豪	林新峰、叶蕾婷	2024
56	台州市温岭市	海岳闲庭 山色茶香	骆佳顺	刘佳琪、魏嘉乐、杨松岳、姚伊宸、吴淑蕾	颜丰、叶蕾婷	2024
57	台州市温岭市	枕山襟海，缘起渔耕——温岭市沙岙村规划设计	李欣怡	姚湉欣、吕薇、杨颖、王欣、王橹穰	林新峰、孟勤林	2024
58	台州市温岭市	甘苦一杯	胡凌侃	董圣豪、魏嘉乐	林新峰	2024

学生感想

致
谢
Acknowledgments

本书的编写历时三年，其间获得了来自各方的支持，在此一一感谢。

感谢台州学院建筑工程学院以及教务处，以教材建设项目的形式为本书的编写提供经费支持。感谢建筑工程学院王小岗院长、潘瑛书记和熊浩副院长在本书编写过程中的悉心指导。感谢沈晶晶、孟勤林、叶蕾婷、李鑫、王波与林新峰（按章节顺序排名）老师在各个章节撰写过程中的辛勤付出，感谢裘知、徐丹华在校稿过程中给与的指导意见。感谢建筑学全体教师在教学与实践过程中提供的素材。感谢建筑学学生，特别是于宏程、章毅、朱名骞、罗占峰、袁朝、黄雨欣、张阿玉、钟明华、李欣等，感谢他们在本书编写过程中提供大量文字、照片以及图表。感谢刘佳琪同学提供封面设计。感谢浙江大学、浙大城市学院、浙江工业大学工程设计集团有限公司、台州市古建筑文化传承与保护重点实验室、浙江省临海市古建筑工程有限公司、浙江国腾建设集团有限公司、北京绿建软件股份有限公司、江苏维伍喔飞信息科技有限公司、深圳市埃睿智慧科技有限公司等单位为本书撰写提供的支持。

同时也感谢其他直接或者间接支持本书编写的朋友们。

台州学院建筑工程学院

建筑学

颜丰

2025 年 3 月